祝賀陳新民大法官退職文集

名家
藝術欣賞

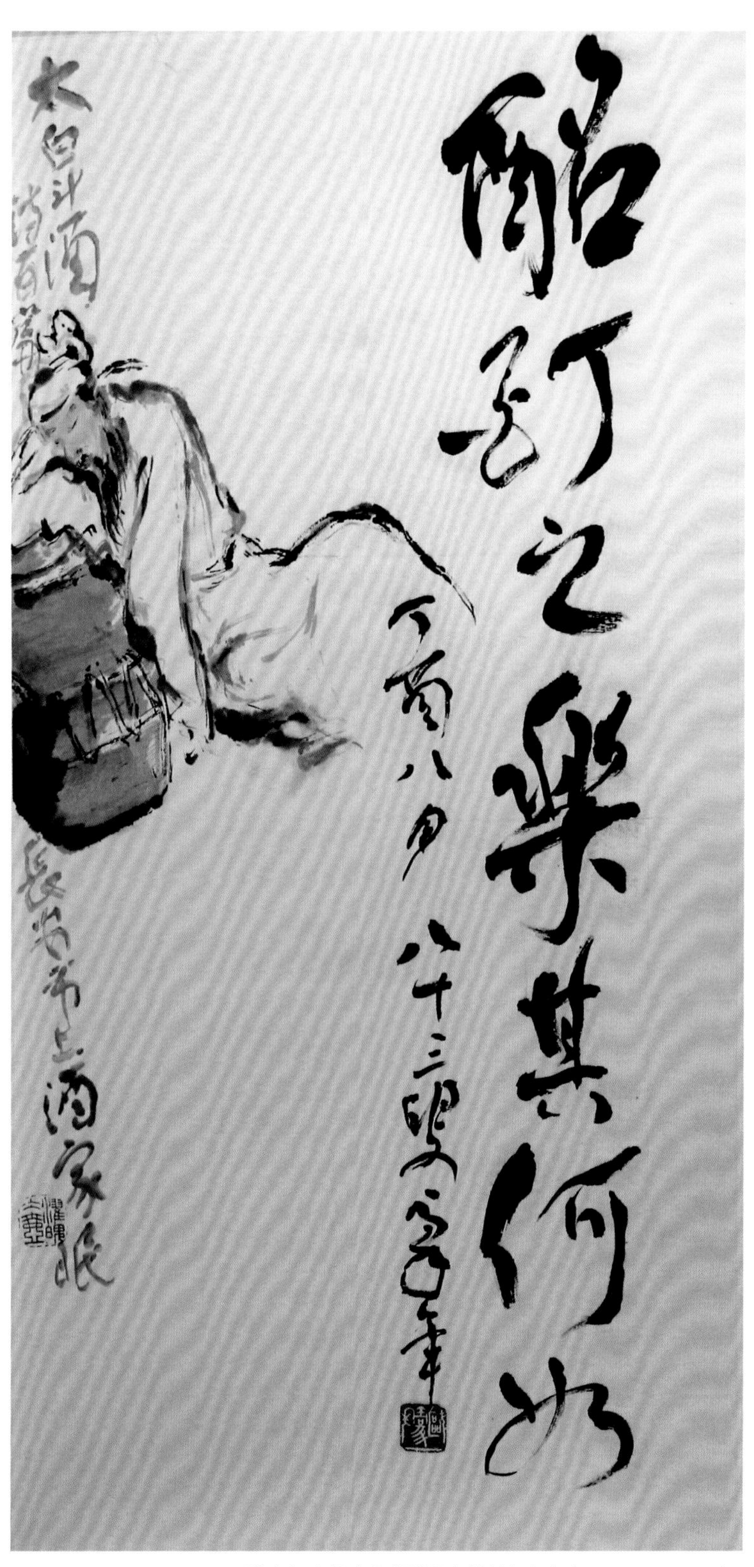

歐豪年大師畫作「酩酊之樂其何如」（70cm X 35cm）

盧福英女士作品「陳新民大法官繡像」（50.5cm X 40.5cm）

這是蘇州著名的工藝美術大師盧福英女士的作品，係以亂針繡法完成的傑作，盧大師能以上百種的色線，依據對象的輪廓與明暗，繡出栩栩如生彷彿油畫般的肖像。自1990年來，曾為許多國家元首繡過肖像，包括鄧小平總理、日本天皇全家、泰國國王、馬來西亞總理及印尼總統等。是中國當今人物肖像繡藝第一人。

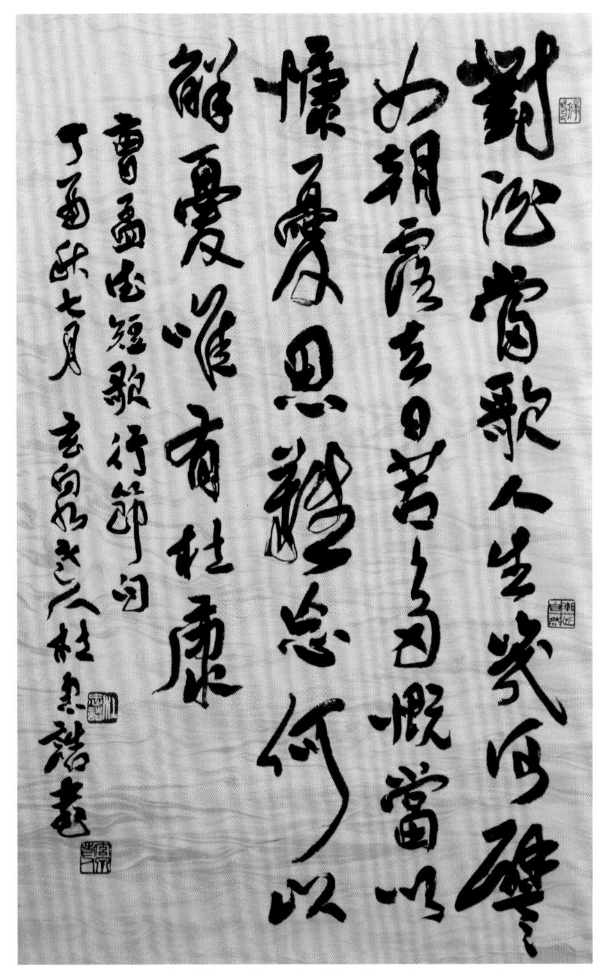

杜忠誥大師，法書「短歌行」（75cm X 47cm）

杜忠誥教授，出生於台灣彰化。先後畢業於日本筑波大學藝術研究所，獲得碩士學位及台灣師範大學文學博士學位。杜大師雖為農家子弟，但自幼崇仰書法與國畫之美，遂努力自修，遍訪名家、拜師學藝，經過二十年的苦練，終成為名家。杜大師不僅精通篆、隸、楷、行、草等字體，更對國畫、美學與藝術評論有極高的造詣，不僅曾經榮獲中山文藝獎、吳三連文藝獎、行政院國家文藝獎等藝文界最高獎項肯定，並3度獲得全省美展第1名，這種輝煌的得獎紀錄實屬空前。

杜大師刻苦力學的事蹟，久為學界與藝術界所傳頌，並做為學子與學人模仿、自勵之典範。大師筆墨之餘，亦頗喜好美酒，相信在酒酣耳熱之際，當能文思泉湧，筆下游龍也！

蔣山青大師繪「彩墨葡萄」圖（90cm X 53cm）

蔣山青先生，又名蔣啟韶，為大陸旅法著名的水墨大師，生於浙江平湖，擅長以抽象的筆法與絢爛的色彩，賦予中國水墨畫豐富的時代感，作品廣被歐美藝文界收藏。蔣大師也是品酒行家，得旅居巴黎之便，常有機緣品嚐珍稀美酒與造訪名園、結識酒莊主人。多年來對於美酒，尤以法國布根地酒為最，有極高的鑑賞水準。他與陳大法官以酒相會後，兼常論藝、賞美食，成為莫逆之交。今聞他榮退，特揮筆一繪「彩墨葡萄圖」相贈，大筆寫意的墨綠葡萄葉中，冒出三兩串深紫、豔紅的葡萄，垂涎欲滴，果然功力不凡。

林伯墀大師繪
「葡萄喜雀圖」
（140cm X 70cm）

林伯墀大師生於越南，祖籍廣東南海。出生於書香世家，自幼極醉心祖國文化，遍訪名師學習繪畫書法，並透過函授教學，拜在香港嶺南派大師趙少昂門下。越南統一後，舉家逃往馬來西亞，轉赴澳洲定居。林大師隨即前往香港追隨趙少昂，一代大師趙少昂感其歷經九死一生之經歷及繪事之執著，遂傾囊以授。林大師遂得恩師真傳，尤擅花鳥。林大師後返澳洲，潛心作畫並以教授國畫、介紹中國文化為職志，數十年間培育數千弟子，遍布紐澳。為表彰其對促進中澳文化與族群的相互理解，澳洲政府於慶祝澳洲建制百年之慶，特頒其功勳勳章，為旅澳華人藝術家唯一授勳者。

拜旅居澳洲酒鄉多年之便，林大師對葡萄酒之造詣，亦不在話下，尤其澳洲佳釀如數家珍。經歐豪年大師引介後，立與新民兄形成莫逆，也與煇宏成為好友，此幅「葡萄喜雀圖」便是林大師專為新民兄榮退所力作。群雀棲於結果纍纍的葡萄藤中，喧鬧之聲彷彿透紙而來！

花看半開 酒飲微醉

寫在《酩酊之樂》出版之時

黃煇宏

2016年10月底，我們的好朋友陳新民教授，自司法院大法官的職位任滿退職。八年之間，在台灣司法領域最高階層內服務，必須時時綳緊神經、如履深淵，其緊張、嚴肅與枯燥之情，可以想見。對一般平凡人士既已如此，何況對一位「非典型」的法律人——深愛美酒美食、個性活潑豁達與熱情的新民兄？因此，為了祝賀其脱離樊籠之困，我與他早早商議，應採何種方式為賀？他坦誠以告：以他從事法學的行業而言，泰半由門生故舊等法界人士，撰寫學術論文集。但他同時認為，這種「退職紀念法學文集」，未免太為單調與沈重，不僅加重撰寫人的心情壓力，連讀者讀起來也要殫精竭智，輕鬆不起。更何況「曲高和寡」，眾人心血結晶，卻只能供小眾閱讀，豈不可惜之至？

故他建議：是否能別開生面，邀集熟識酒界的友朋們，各自就其品酒生涯中，挑選印象最深刻的一款酒，或是類似經驗與回憶的事蹟，以輕鬆、愉快的筆法，替自己與大家留下一個美麗的記錄。這將是一本以台灣品酒界為主的「談酒錄」，可以讓愛酒的讀者，增加更多對美酒想像與憧憬的素材。可以想見的到，每位作者在撰寫時，腦筋都已飛馳在搜尋往昔飲酒的記憶腦海之中，臉上當也會浮出幸福的笑容，豈非是一件愉悦的筆墨功夫？而讀者開卷後，當也會津津有味地吸吮每篇文章中的美汁美味、更可能令人產生要一鼓作氣讀完的衝動。

我當下便贊成這一個可以貢獻大眾讀者的建議。他立刻想出《酩酊之樂》的書名。的確，飲酒唯有達到「酩酊」之時，而非淺嘗即止，或是熊飲泥醉時，方能體會出美酒能夠滌除萬愁、開解閉鎖心房、接納友誼、情愛以及追求美麗、積極人生的新希望。這在酩酊微醉中開啟奔放的遐思與想像力，我想起了菜根譚中有一句話：「花看半開，酒飲微醉」，便是形容這種神奇的境界矣，而我當然義不容辭接起了總編輯這個重擔。

作者不久前在上海參加一個1945年份波爾多「五大」的晚宴。

人一生如果能有一場令人印象深刻、回味至今，或是刻骨銘心的飲酒經驗，與其深埋在腦海中逐漸煙散忘卻，不如挖掘出來，供諸同好一樂，換來不朽的生命乎？

回想其在擔任中央研究院教授之時，新民兄與我即已結識，至今超過二十年。我們不僅三不五時會有共品美酒、共話酒事的機會。這是典型的「話投機、個性相容」的情誼也。同時自十年前開始，我們每年暑假籌組一個品酒團遠赴歐洲各產酒名區，至今足跡已踏遍歐洲大陸各大頂級酒莊。每次行旅之前，舉凡拜訪酒莊的細節、行程，甚至沿途應當不得錯過的美術館或藝術館、美食，他無不再三細心的與我商酌、擘劃，務使每位團員都能從酒莊之旅留下難忘的回憶。相信所有曾經參加過酒莊之行的朋友，大概都能贊同我的說法吧！

陳兄為人隨和熱情，博學風趣，這是每一位認識陳兄的朋友，都會留下的印象。和一般人想到法律學者，腦海中馬上會浮出喜歡引經據典、古板嚴肅的形象完全不同。每次與他交談飲宴，都可以在談笑風生中，獲得許多有關藝術、歷史地理、美酒美食豐富的資訊。陳兄在外行人聞之生畏、陽剛性十足的公法學（如憲法學）領域中、至今已有二十餘本著作，此外他早在1997年便出版的《稀世珍釀》，則是以其妙筆生花的手筆，揉合非凡的品酒經驗，將歐美社會公認的一百大葡萄美酒，介紹入國內。這是台灣葡萄酒界－甚至是全華文閱讀世界－首次接觸到那一些風靡、沉醉歐美酒鄉超過百年以上的美酒魅力與資訊。於是乎，不論是法國布根地的羅曼尼．康帝（Romanée-Conti）、香柏醰（Chambertin）、夢他榭（Montrachet），或是波爾多的美多區（Medoc）五大酒莊－如木桐堡（Cha.Mouton-Rotschild）、拉菲堡（Cha.Lafite-Rotschild），美國加州羅伯．蒙大維酒莊（Robert Mondavi）的「第一號作品」（Opus One），甚至偏門難讀、昂貴至一瓶難求的德國頂級甜酒「枯萄精選」（簡稱為TBA的

Trockenberrenauslese）的名稱，都才開始如水銀瀉地般出現在各地美酒的品賞場宴之上。

《稀世珍釀》一書可以說是臺灣葡萄酒界的「品賞聖經」，打開酒友們的美酒知識之門，讓讀者了解世界頂級美酒如何成功的歷史、擁有何種吸引人的魅力所在。無怪乎本書一出立刻洛陽紙貴，人人爭購與爭讀，一時蔚為另一種「台灣奇蹟」！

繼《稀世珍釀》（1997）一書奠立了在台灣品酒界內的名聲，陳兄再接再厲陸續出版《酒緣彙述》（2003）、《揀飲錄》（2010），以及《酒海南針》（2013）等三本記述其品酒經驗及美酒世界其他優異、但仍未廣被週知的「漏網名酒」，都是「酒學」內珍貴的資訊。這四本著作引領臺灣品賞美酒的風潮、帶動評賞葡萄酒的水準的貢獻之大，可以說台灣的「葡萄酒族」世代，是在邊讀陳兄著作、一邊對比手上一杯又一杯的葡萄美酒而長大的。

陳兄的酒學著作，不僅在台灣紅遍至今，甚至在大陸，隨者上開著作的簡體字版本（浙江科技出版社）問世，同樣地成為中國大陸新興「葡萄酒新貴」的品酒聖經。大江南北的酒界，也都迅速搶購之。不久即有山寨版的類似書籍出現。其中《稀世珍釀》與《酒緣彙述》的簡體字版，在2007年於西班牙馬德里主辦的「世界美食圖書大展」（Gourmand World Cookbook Awards）中，獲得了「世界酒類圖書」的首獎（Best Wine Book in the World）。這是多麼難得的殊榮，代表了這兩本著作具有世界公認第一流的水準也！

有鑑於這些著作在臺灣，甚至在大陸以及華人世界帶來頂級葡萄美酒眾多非凡與豐富的資訊，提升了華人世界品賞葡萄酒的風氣與水準，作為釀製頂級葡萄酒首席大國的法國，長年來即對這種能提升法國農產品市場與經濟價值的企業界與文化界人士，會以隆重的贈勳行動表示酬謝。法國政府便在去年－據聞經過兩年的仔細評估－決定頒授新民兄一枚「法國農業功勳騎士」（Chevalier du mérite agricole , Republic of France）勳章，這個榮譽，他當之無愧也。

終於，經過了八年漫長的歲月，陳兄完成了憲法與社會所賦予的職責－擔任憲法保護者的神聖角色。其在擔任八年大法官期間，總共撰寫七十份釋憲意見書，並每兩年匯集出版一卷五百頁上下的《釋憲餘思錄》，八年下來共出版四卷，總字數達一二O萬字數之多。這同樣是一個驚人的成就，其數量之多，也是我國司法院建立大法官制度至今超過一甲子歲月（總共一三O餘位大法官）所少見者，正代表了陳兄對使命感、正義感與學術良知的堅持，才會交出如此漂亮的成績單！

如今陳兄功德圓滿，可以走下莊嚴神聖的法壇，如同奧林帕斯山的眾神般的走下凡塵。我們特別希望他像酒神戴奧尼辛般，帶來友朋們更多的無憂與歡樂。記得在以前讀書時，曾唸到許多讀書人喜歡將明朝大儒顧憲成的名句：「風聲、雨聲、讀書聲，聲聲入耳；家事、國事、天下事，事事關心。」作為君子勵志之聯。陳兄既已榮退，仔肩當卸下少許重擔。我因此想到改寫上幅名聯以贈：「紅酒、白酒、香檳酒，酒酒可口；家事、國事、天下事，事事煩心。」希望陳兄重返民間，再執教鞭後，何妨如忘年交歐豪年大師贈畫中所題之：「宜作逸民高隱也」，我絕對相信，以陳兄的曠達、熱情，相交滿天下，退居高隱並「高飲」（高歌飲酒）之餘，絕對是（亦如歐翁詩句）：「南窗無慮友朋疏」。但我們更期待新民兄慎保玉體，讓我們飲酒情誼，能夠延續更久更長。

本祝賀文集的順利問世，必須感謝每位作者能夠抽空奮筆直書、無私將其最珍貴的一段飲酒回憶，公諸於世，讓眾多讀者一起分享其感動的那一剎那！對你們的高誼與慷慨，新民兄和我都應表達最高的謝意！我也願借此機會，祝福各位作者健康快樂，繼續優遊在美酒美食的美妙世界之中，讓紅酒的嫣紅、白酒的晶瑩，渲染你們的臉龐，有如迷人的玫瑰色一般。如此，今後的人生，豈非為一場醉人的「玫瑰人生」乎？

本書的順利問梓，新民兄的高足陳祐群博士及陳慧珊小姐費心張羅所有文字的編排與校正，精美圖片除了由各作者提供外，不少出自華藝數位股份有限公司林羽璇小姐的巧手攝影，最後出版事宜尤賴尖端出版社黃鎮隆執行長的鼎力支持，副總編輯周于殷小姐的細心安排，我當表示十二萬分的感謝。

法國香檳騎士、百大葡萄酒酒窖主人 黃輝宏

謹序，2017年9月

目錄

名家藝術欣賞

序言

附錄

伴我開展絢爛人生

1975年份珮綠雅・珠玉酒莊的「美好時代」香檳酒

陳新民

我結識這一款美好時代香檳，是在1979年11月底的一個周末。當心儀的德國法學大師巴杜拉教授（Prof.Dr.Peter Badura）得知我已到達慕尼黑，追隨其攻讀博士學位後，立刻在家裡舉行一個小型的歡迎宴。教授的府上是位於慕尼黑南方百餘公里外的一個清幽、位於阿爾卑斯山下臨湖的小鎮，名為柯赫河（Kochel am See），一棟棟的小洋房，點綴在高聳的森林之中，頗似萬綠叢中的繽紛花朵，美不勝收。每逢夏天不少遊客前來遠足、遊湖或登山，冬天變成滑雪勝地。當然，屬於最貴的住宅區。

這是我第一次進到德國人的家庭，而且是高級知識分子教授的家庭作客。那時候我才由大學畢業，尚未進入職場。而台灣當時正處於經濟成長的高峰，早已脫離貧窮的階段，已經進入了小康的社會，然而我對將來人生的規劃，是一片空白。讓我開始思考，並且體會到所謂「絢爛的人生」，也是義大利人所習稱的「美好人生」（dolce vita），正是由當晚的作客開始。促使我決定今後追求並要過著甚麼種類的人生。

教授的度假型小屋，並不豪華與宏偉，兩樓層不過各二十坪左右，但有一個連著小山坡的花園。當我一步入房間，眼前彷彿進入到小型的博物館。地板上鋪滿著尺寸大小不一、花色互異且帶有東方色彩的地毯。我特別注意到這些地毯並非奢華與炫富色彩十足的波斯絲毯，而是老舊斑駁、頗有歷史的中東羊毛毯。師母告訴我傳統的歐洲，尤其是德國居家傳統「沒有地毯不成房間」。她特別喜歡用地毯來「裝飾」（decorate）在平凡也不過的地板。我腦海中立刻浮現了一句美麗的術語「錦繡大地」——好一棟錦繡的住宅也！在台灣當時，對於地毯的欣賞尚未開始，一般富裕人家對地板極為講究，最多及於原木或拼花地板而已。 教授的地板讓我體會出即使「足下之地」也是一個可以展示精緻藝術的地方。從此我開始迷上並研究地毯，三十年來，我只要有機會在旅途中遇見骨董地毯，或有特色的地毯，我都會停下腳步欣賞，購藏。不覺之中，我的收藏品達到了近百條之多。如今都鋪滿在我姊夫金山的一棟老房子內，每當我週末踏在這些異國地毯上，我的心思猶如踏上阿里巴巴的飛毯，飛馳神遊到旅遊的美妙回憶之中。

教授家的客廳四壁掛滿了畫作，由東方的日本浮世繪、義大利的版畫，還有德國十九世紀最著名的肖像畫家Franzv.Lenbach所繪畫的粉彩人物，甚至得自其岳丈（在抗戰前曾在廣州中山大學擔任醫學教授數年），所遺贈的嶺南大師趙少昂在1937年所贈送的「柳蔭鳴蟬圖」……，中西合璧。加上整櫃的古典唱片、藝術與音樂的圖書，讓人窮盡目娛之勝，好一個畫廊式的客廳！

師母告訴我：品味是要由認識所有「美」的東西與環境著手培養，

而且要能每日每時的「栽培」，因此最好能將圖書館與畫廊移到居家與生活的周遭，讓舉目所及都是藝術與美的事物，會令人感謝「造物主的恩澤」。因此師母特別叮嚀我：一輩子決不要在居室內懸掛通俗的印刷品，否則，品味會在不知不覺中沉淪下去。巴杜拉教授不僅法學素養驚人（23歲獲得博士學位、27歲榮任教授），對於藝術、音樂、歷史、文學浸淫甚深，這可從滿櫃子的圖書即可得知。據師母所言：教授整天讀書、思考與寫作，是以作為一個「文藝復興式的人物」（A Renaissance-man）為終生目標。所謂的「文藝復興式的人物」是指多才多藝的人物，例如達文西、史懷哲醫生、傑佛遜總統……，都是典型的人物。但很明顯的，這個目標一般凡人豈能達成，所以師母也鼓勵我：我們這種凡夫俗子輩，雖然手不能畫、口不能唱，無法擁有多才多藝的天賦，但至少可以努力做個「半個文藝復興人物」，便是能夠欣賞多才多藝者所帶來的「上帝的傑作」！

經過這一番視覺與感性的震撼後，師母端出了一瓶精美絕倫的香檳酒，還沒開瓶前，師母特別為我解說了這一瓶1975年份珮綠雅珠玉（Perrier-jouet）的「美好時代」（belle-epoque）的特色——新藝術風格的代表作。墨綠色的香檳瓶上繪著一對銀白色的蓮花，再配上同樣花紋的香檳杯，集典雅與絢爛於一身。師母是一個藝術的愛好者，看到我對這瓶號稱「香檳之花」的繪畫贊不絕口，立刻給我上了一課「新藝術」（Art Nouveau）的大要，同時在書架上，拿出幾本關於新藝術的繪畫、家具與建築的書籍，要我帶回宿舍仔細研讀，並告訴我，坊間充斥著拙劣的「假新藝術」，純粹是商業的色彩，毫無品味可言。她希望我「練好眼力」，多看多讀，今後方可在歐洲第一流的造型藝術上，包括時裝、建築，甚至珠寶設計上，真正的體會出為什麼近百年來，「新藝術」會造成如此廣泛的影響力，與絕美的吸引力，以至於被稱為「歐洲藝術的第二次文藝復興」的理由所在。

這瓶「美好時代」，可以稱為是法國香檳王國領域內最浪漫的一款香檳，是由1811年珮綠雅珠玉酒莊，在1964年首先推出，雖然已經離開新藝術高峰期有半世紀之遙，但白銀蓮花的紋樣，則是法國新藝術大師Emile Galle在1902年的傑作，再經酒莊巧妙複製而成。無怪乎一上市便造成瘋狂的搶購。直到半世紀以來，盛況仍未消褪。許多人喝完此款香檳後，捨不得丟掉瓶子，而改為燭台，為房間添增了無數的春色！

在我對新藝術的有大致的了解後，教授開瓶，倒出香檳，歡迎我的到來。這是我頭一次品嚐到真正的法國香檳，在此之前，我所試過的德國氣泡酒（Sekt），不論其氣泡之粗礪、酸度之突兀與不平衡，比起此瓶「美好時代」，完全有如村姑之於大家閨秀。也讓我初次領會到在環繞著優雅的藝術品與優美的樂聲的雅室中，啜飲著香檳，與博學、風雅與有趣友人的晤談，真乃人生快事一件！不覺時間之流逝，瞬即午夜即至，我才告辭返回學校宿舍，抵達時已夜入三更，但激動的心情，直到東方既白而未停也。

執筆至此，距離此次動我心魄的香檳之夜，剛剛好滿三十年之久。我一直感覺自己是個幸運兒，能在甚年輕，可塑性最強之時，碰到開啟我認識優質人生的師長、並獲得親身感受、感動的機會。記得美國大文豪海明威曾說過一句名言：「巴黎是一個流動的宴席，一個人若在年輕時能在巴黎住過，是一個幸運。」我相信，在這晚造訪教授家給我精神上帶來震撼之大，一生難有比擬者。它掀開了我編織「絢爛人生之夢」的布幔，讓我決定未來要擁有如何的人生： 包括追求理想的生活與讀書的環境、過著具有個人品味、價值判斷而不必隨波逐流的快意人生……。這個感觸——至少要做「半個文藝復興人」，在日後的留學生涯中，一刻都未曾中斷。這三年的美妙時期，可不正是一個「流動的宴席」（A moving feast）？ 當然我居住的慕尼黑，雖然算是德國南部最富盛名的文化城，但無論就文化底蘊、人文薈萃，以及浪漫典雅，都不可與花都巴黎比擬。但能以海明威這個大作家的高標準打個七折八扣，也當有一定的水準吧！

香檳，是一種歡樂、慶典與挑動情緒的美酒，也是一個不可思議的飲料。葡萄美酒已經是上帝給人類的恩寵，而香檳更是「恩寵中的恩寵」，飲用香檳不僅當時會激起無窮與不可預料的情緒、氣氛，也會使當時的情境，深深地印入到腦海之中。無怪乎每次我喝到香檳，尤其是碰到珮綠雅珠玉的「美好時代」，立刻會想起三十六年前的這一個晚宴，我也不自覺會舉起酒杯，心中禱祝：謝謝你！珮綠雅珠的「美好時代」伴我掀開「絢爛人生之夢」的布幔；同時我也會向三年前已仙逝的師母禱祝：謝謝你以往對我的慈愛照拂，也希望珍愛藝術與香檳的你，能在天國裡繼續的享用此上帝的傑作，以至永遠。

後記：

本文完稿當晚，我遇到了黃煇宏兄，他的藏酒中，剛巧還藏有一瓶1975年份的「美好時代」，可供照相之用。這種巧合，豈非冥冥之中自有安排？

這張珍貴的照片攝於我第一次造訪恩師巴杜拉教授的府上。於啜飲「美好年代」香檳後，教授引導我欣賞鄰近阿爾卑斯山的山光水色。教授輕摟我的肩膀無疑替我對未來求學的前途，打了一劑強心針。這是一張最令我回味的照片。

這是作者抵達德國第一週攝於海德堡。

法學、美酒與品味人生

我的品酒哲學與美學──恭賀新民大法官吾友榮退

顏慶章

誠如一位無名氏所言：「自有文明開始，葡萄酒就增進了我們的生命，有如音樂、詩詞與宗教一般，形成我們文化的一部分。它是屬於適度的飲品，並且合宜在用餐時與賓客、家人及朋友分享。」（Wine has enhanced our lives since civilization began, and is as much as a part of our culture as music, poetry and religion. It has ever been the beverage of moderation and cordiality to be enjoyed at mealtimes with guests, family and friends.）更具體地說，整本聖經有超過四百五十個段落，敘述著葡萄酒以及它的益處。從而我們如果形容葡萄酒與西洋文明是同時誕生又同步成長，應非屬過度的稱譽。

新民吾友與我俱為法律人，凡事憑藉證據與嚴謹邏輯，是我們為人處事所奉行的圭臬。他留學德國，研習行政法與憲法，膺任大法官，洵屬實至名歸。我負笈美國，研習國際經濟法與租稅法，曾任財政部長與駐「世界貿易組織」（WTO）首任大使，也別有一番天地。

新民吾友與我均有不少法學著作，但各自基於對葡萄酒文化的愛好，他與我竟於一九九七年八月及元月，分別出版《稀世珍釀-世界百大葡萄酒》及《法國葡萄酒品賞》。新民吾友嗣後接續出版《酒緣彙述》、《揀飲錄》及《酒海南針》等暢銷書，我則有《酒中珠璣》與《波爾多尋訪》的付梓。一九九八年四月二日，法國總統席哈克（Jacques René Chirac）頒贈我「國家騎士勳章」（Ordre national du Mérite），表彰我對宣揚法國葡萄酒文化的貢獻。新民吾友於二〇一六年十月廿七日，也因對法國風土珍寶的熱情與法國葡萄酒廣博的推廣之功，法國政府特別頒授「法國農業其騎士貢獻勳章」（Ordre du Mérite agricole）。

新民吾友與我也長年擔任大學教職，Paul Claudel（1865-1955）是一位法國傑出詩人、劇作家，並分別擔任駐日本、美國與比利時的大使，他曾非常幽默形容葡萄酒的深邃哲理。我曾以它與新民吾友相互愉悦與惕勵：「葡萄酒是品味的教授，藉由引導我們如何呵護內在的自我，它奔放了心靈，也開示了智慧。」（Wine is a professor of taste and, by teaching us how to attend to our inner selves, it frees the mind and enlightens intelligence.）

葡萄酒不僅是西洋文明的重要內涵，以及人生品味的宜有修為。倘從學識角度言，它也是WTO「與貿易有關之智慧財產權協定」（Agreement on Trade Related Intellectual Property Rights, 簡稱TRIPS協定）的嶄新經貿規範。該協定第二十二條與第二十三條規定酒類（wines and spirits）地理標示（Geographical Indications）的保護制度，即為當今WTO多邊貿易體系頗受重視且繼續成長的議題。國內許多學生以此作為學位論文的寫作題材，顯示它深具研究價值，從而葡萄酒豈止是「酩酊之樂」而已！

新民吾友有如杜甫〈望嶽詩〉的視野與氣魄：「會當凌絕頂，一覽眾山小。」在膺任大法官八年，戮力諸多解釋憲法文獻之餘，早已視世俗框架於無物。於是囑咐我塗鴉一篇，談談我印象最深刻的一瓶酒，以匯集他榮退大法官的新書《酩酊之樂》！在吟誦歐美法學碩彥的智慧話語，進而朗讀寫成的大法官會議解釋文。如今能載譽卸任，這將是何等「吟餘擱筆聽啼鳥，讀罷推窗數落花」的逍遙自在！

由於我鍾愛波爾多紅葡萄酒，加上頗具揀選物超所值的能力，於是分享讀者較不熟悉的Potensac酒莊。這個酒莊有八十四公頃的葡萄園，葡萄主要樹種是46%的美洛（Merlot）、35%的卡伯納蘇維儂（Cabernet Sauvigon）及16%的卡伯納弗蘭（Carbernet Franc）。平均樹齡接近四十年，樹根乃能深入包含礫土、黏土及石灰岩土的珍貴土壤，汲取土地的菁華。值得強調者，這個酒莊已歸屬拉斯卡斯堡（Leoville-Las-Cases）酒莊產權若干世代。拉斯卡斯堡酒莊是一八五五年波爾多酒莊歸等的第二級酒堡之一，並被公認是「超等第二級」（Super Seconds）的第一名。

一八五五年波爾多酒莊的歸等，Potensac未獲納入。但藉由Delon家族的戮力經營，乃能針對土壤有相當比重的黏土及石灰岩土的特質，歷經數十年歲月，逐步減少卡伯納蘇維儂，轉換較多的美洛。成功增添酒質的柔順口感，仍不減損原有的醇厚餘味。合理價錢每瓶應在新台幣一千五百元以內，相對於拉斯卡斯堡的高昂價位，又須長久貯藏。Potensac不僅便宜甚多，年輕時即有令人愉悅的口感。

為增添新民吾友的《酩酊之樂》，宜酌加另一酒堡的介紹。Prieuré-Lichine酒堡訴說著一位出生在俄國的美國人Alexis Lichine（1913-1989），終生熱愛法國酒堡的感人故事。他也是傑出的葡萄酒書作者，Encyclopedia of Wines and Spirits是代表著作之一。在一九五〇年買下這個原稱之為Prieuré de Cantenac酒堡後，Alexis Lichine開始不計較金錢與時間，投入改進酒質的工作，他在排水工程的成效，甚至被瑪歌酒堡多所請益。有六十九公頃的葡萄園，53%是卡伯納蘇維儂、40%的美洛、其餘則為小維多與卡伯納弗蘭。這是一八五五年就被歸類為第四級的酒堡，帶有細緻的香氣與均衡的餘味。價位雖略高於Potensac，但已榮列波爾多第四級酒堡的資質，也是另一類型的「物超所值」。

新民吾友多才多藝，喜愛吟唱歌劇。為恭賀卸任大法官的「酩酊之樂」，謹以〈茶花女La Traviata〉歌劇「飲酒歌」（Libiamo ne' lieticalici）的數句，敬邀新民吾友吟唱：「讓我們享受人生，及時行樂汲取愛的歡愉。短暫的快樂如同花開花謝，逝去將不再回！」

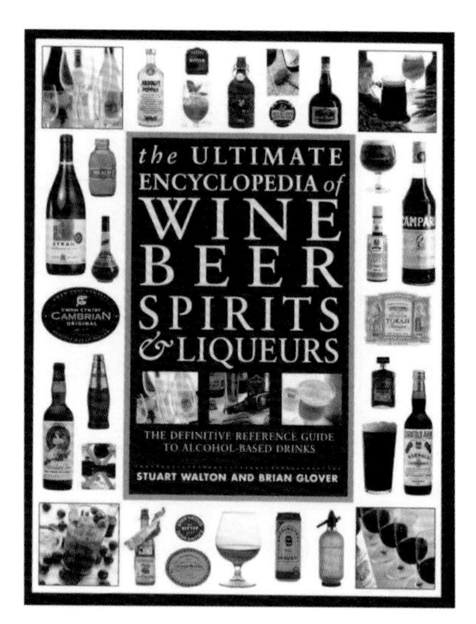

俄裔美人Alexis Lichine所著的《葡萄酒與烈酒大全》開啟了世界美酒之學的傳播與品賞藝術之門。

 Author

顏慶章
先生

為我國著名的財經界與財經法學者，公職生涯十分耀眼，曾擔任財政部長、駐WTO首位大使、元大金控董事長等職務，除了數本有關財經法律與政策的書籍外，顏部長亦是國內最早的酒學大師，撰有《法國葡萄酒品賞》（1997）、《酒中珠璣》（2008）及《波爾多尋訪》（2010），都是洛陽紙貴，洞見作者對中外文學、詩詞與美酒知識的豐富與文采風流。

1949年的甜蜜愛戀

當年份的法國狄康堡

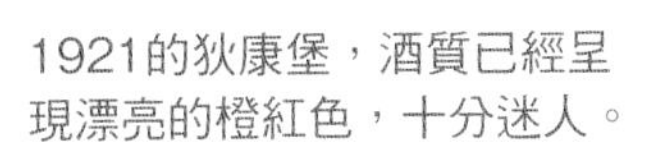

1921的狄康堡，酒質已經呈現漂亮的橙紅色，十分迷人。

李昂

我與西方葡萄酒的交會，開始的很早，那是上個世紀的60年代（民國五十幾年），我還未滿16歲，地點是在台北一家最高檔的酒吧：藍天。

有那個年代記憶的人，一定知道藍天位於中山北路一棟大樓的頂樓，可以俯視當時燈光不多的台北夜景，是一處純喝酒的酒吧，並不是我們現在常見酒吧混雜色情。

什麼人會帶一個未滿16歲的小女孩，在那個民風極為保守的年代，進入台北市一處收費極為高昂的酒吧去喝酒呢？

答案是我的洋姊夫，Robert Silin，中文名字叫施中和。

既然是洋姊夫，當然是個洋人，紐約的猶太人，哈佛大學博士，先是來台灣學習中文，後來任要職。

我14歲開始寫一個長篇小説，從小被認為鬼靈精怪，這個洋姊夫，才會帶我去藍天初體驗。給我點的是Manhattan 雞尾酒，他自己喝的是紅酒。

好奇如我，當然試了他的紅酒，但不記得有什麼特殊印象，倒是喝我甜甜的、有櫻桃的Manhattan，一輩子難忘。

接下來上大學、出國讀書，尤其到紐約，洋姊夫的父母親帶我去他們紐約上城的社交圈，葡萄酒當然也不陌生。

有趣的是，這個洋姊夫在紐約大學任教幾年，到香港的美國銀行工作，繞了一大圈，最後回到葡萄酒市場，和台灣、中國作起葡萄酒生意，做得不亦樂乎。

我真正喝到一些頂級葡萄酒、去了五大酒莊這一類的地方參訪，不少也還都是因為這個洋姊夫。葡萄酒帶給我們的快樂，可見一般。

值得八卦一下的是，我都到了波爾多，洋姊夫好不容易安排到去拜訪其時最紅的車庫酒莊樂邦堡（Le Pin）試酒，因為要早起，我不肯前個晚上吃飯到午夜，剛睡下又立刻要起來，自己放棄。

後來當然後悔得不得了。

但這也是我喝酒的基本態度。

由我的洋姊夫教了我基本的葡萄酒知識：重要的產區、知名的酒廠、也帶著我喝酒。但我是那種不會去記年份、產地的喝酒人。只以基本的直覺及多年喝葡萄酒的經驗，當然，還搭配著我花了幾十年全世界性的去吃美食訓練出來的品味，來品評進入口中的酒。

我並不是想要別樹一格，也知道，這樣喝酒的方式，很難精進。去記得年份、產地、香氣、味道等等，事實上重要，存留記憶、有所比較、才能學習。

但我一直在説，這一些美麗的酒食經驗，之於我並不為了要成為專家，為著的是最後化入我的小説裡，成為作品的一部份。這些年份、產地、香氣、味道等等，除非為特殊目的，否則難成為小説情節。

那麼，什麼成為小説情節、背景呢？

便要説到在波爾多的聖特美隆區（Saint Emilion）有一家著名的五星級旅館 Hostellerie de Plaisance ，一次難忘的酒食盛宴。

修道院改造的旅館，一直是一個夢幻的所在，歷史加上文化，又有新式的舒適性，我自已總愛説，我比過往的公主還享受，過往的公主還不能像新時代的我們，全世界的旅行、美酒美食。

這回在Hostellerie de Plaisance參加一個盛大的 party，而且喝到了一款同樣夢幻的酒：1949年的狄康堡（Chateau d'Yquem）。

做超級市場的成功商人Gerard Peres 買下了 Chateau Pavie 等酒莊和Hostellerie de Plaisance旅館，大刀闊斧的改變了原釀酒的方式，被稱作波爾多新釀酒法，引起不少談論。

是夜，在旅館的餐廳舉辦的盛大宴會，特邀米其林二星主廚掌廚，請了許多葡萄酒界重要人士，包括Robert Parker，法式的優雅奢華自不在話下。

但各式小道消息席間流傳，我對葡萄酒界不熟，許多人名不知，只聽懂故事。但像那個出席的夫人拿的是一款香奈兒的限量包，也讓我大開眼界。談論許多的還有中國大舉進入葡萄酒界的問題，我總算跟得上。否則，這類大夥講法文的Party，還可以真無聊。

所幸當天晚宴末正式開始前，有主人Gerard Peres將他自己接掌Chateau Pavie酒莊後釀的酒，垂直年份的多款酒讓我們自行齊試，喝到了Robert Parker給到幾乎滿分的酒。我酒量不好，淺嚐而已，但等於有多種樣本併列，學習去分辨當中的差異，倒是自已玩得不亦樂乎。

但這些都不是重點，晚宴一開始的時候，即宣布會有一款夢幻酒。

保密到家直到晚宴最後答案揭曉，是1949年的狄康堡。 這個年份是Gerard Peres 先生出生的年份，狄康堡酒莊特別從他們的酒窖裡直接送達餐桌，沒有經過長途運送旅行。酒莊之間的交情，恐怕也不是外人能有的。

已經陳放六十幾年的老酒，顏色較深，但依然光亮美麗，打開後香味仍俱在，自然舒適少有酒味雅緻含蓄，最重要的是入口的新鮮感，彷彿時光只讓她更美好而全無老態。

甜經過時光不會死甜不會膩，在狄康堡這樣的好酒裡，本來這方面就不會是問題。但因為是甜酒，我本還以為年歲會使她整體沉下來，重下來，但卻絕非如此，她那樣容光渙發的新鮮，一如剛從瓶中出現的花仙子精靈，讓我訝異，驚喜之餘更覺夢幻。

啊！新鮮！只有它能比青春美好更可貴：

新鮮！

也因為這場盛會，不久後Gerard Peres太太和她的女婿來台灣訪問時，我有幸陪同他們。

我喜歡這對夫妻的平易近人而且不矯情，在一些比如五大酒莊，通常出面的不會是老闆，而是資深人員，待客之道得體合宜，但總覺得鼻子長在頭頂上並不可愛。

請Gerard Peres太太和她的女婿在天香樓吃飯時，陳木元先生和夫人還帶來了葡萄酒宴客。

只不過，不是波爾多而是布根地的葡萄酒。

我幾年來喝掉陳木元先生多少陳年香檳，奠定了我對老酒的喜愛，自然也使我對這瓶1949年份的狄康堡如此念念不忘了。

Author

女士

是斐聲國際的文學家，極早即以戲劇張力澎湃的小說，震驚國內文壇，作品廣被迻譯為外文，係歐美文壇最熟識的台灣當代作家，曾榮獲法國政府頒授文學騎士勳章。李昂女士除為傑出的文學家外，近年尤潛心鑽研美食，往往為了尋覓、驗證某一名廚功力，不惜耗費重金與不辭勞苦奔波數日，其專注之決心可見一斑。本文是其極少「論酒」之作，值得重視。

最讓我
心動的一款葡萄酒

1900年份法國狄康堡

楊子葆

我愛葡萄酒。而對葡萄酒稍有認識的人應該都能瞭解，選一款最愛的葡萄酒幾乎不可能，因為這種美好偉大的事物會隨環境與欣賞者、搭配菜餚之不同，展現迥然不同的風貌，永無定論。如果非要做選擇，我選狄康堡（Chateau d'Yquem）。這是一款美好偉大的葡萄酒，眾所皆知。我之所以選它，還因為2006年底在巴黎一段特別的經歷：我和一幫老交情的法國朋友在其中一位家裡共進晚餐，享受傳統法式料理，當然也品嚐了與菜餚搭配的各色葡萄美酒。大夥聊天吃喝十分愉快，氣氛好極了。當作為結尾的乳酪端上桌時，作主人的洋洋得意地展示他為我們準備的配酒：一瓶1900年分的頂級甜白酒狄康堡，所有人一陣譁然，環繞餐桌的洶湧熱情簡直要沸騰起來。

這瓶波爾多梭甸產區（Sauternes）的頂級甜白酒以口感濃郁複雜聞名，尤其這座酒莊堅持採用感染貴腐黴菌（*Botrytis cinerea*）的白葡萄釀酒，這種獨特霉菌附著在葡萄表面卻仍能保全葡萄皮，同時菌絲則會穿過表皮深入葡萄內部吸取水分，濃縮糖度，並增加特殊香味。但是要讓葡萄自然地全面感染某一種特殊黴菌談何容易，這是因為梭甸產區位於來自蘭德低地（Landes）水溫較低的西隆河（Ciron）與源於庇里牛斯山脈水溫較高的加隆河（Garonne）交會口，水溫差距造成潮濕霧氣，因此貴腐菌活躍滋生。這就是大家朗朗上口的Terroir，用時髦的話來說，是獨一無二、無法複製的「生態系」（Ecosystem）。

尤有甚者，黴菌感染是一種無法控制的生物發展過程，大部分葡萄不是感染不完全就是轉化成灰霉病，或是葡萄破皮導致醋酸菌入侵而惡化口感，甚至過熟腐敗，因此統統不宜釀酒，少數適合的葡萄則必須經人工採擷與挑揀，所以生產成本不斐，狄康堡既被列為甜白酒的極品，也同時被公認全世界最昂貴的葡萄酒之一。何況是裝瓶時間已超過一百年的罕見珍品。

這瓶高齡超過一百歲的陳年甜白酒，顏色已從原來的金黃色轉變成磚紅色，歲月的歷練讓這名酒 角磨去、火氣盡消，甜味圓融不膩，酒香層次多元，除了預期中的蜂蜜、糖漬水果、杏桃乾脯香味之外，令人驚訝的是多了乾果香味，甚至入喉回甘時竟還隱約有略帶辛嗆的香料味道，搭配重口味的藍黴乳酪再適宜不過了。朋友們異口同讚這真是一頓美食不可能再更好的美好句點。

雖然這時候談金錢有一點煞風景，但是好奇心還是強過禮貌，我低聲地詢問主人：「這麼好的酒，身價應該很驚人吧？」主人一派輕鬆地大聲答道：「老實說，我根本不知道價錢，因為酒不是我買的，但我想應該不貴吧？」這個出人意料的回答讓所有的人都感興趣，爭相要問清楚。

原來他們家族有一個行之久遠的傳統，每年法國新酒上市，不論好壞擔任家長的都會買一批藏在酒窖裡，年份較差、不耐久存、酒質衰敗較快的，三、五年之後就拿出來消費掉了；好一點需要經歷陳年過程的，也許十年、十五年之後再拿出來品嚐；更好的，必須歲月洗禮才能有完美呈現的，往往就必須在酒窖裡待上很長一段時間。主人說明道：「這瓶酒，顯然是某一位我未曾蒙面、很抱歉也不記得名字的曾曾曾祖父買的。因為像1900年分的狄康堡這種難得的好酒，必須要經過百年潛沉才能有完美的呈現，那位先祖與他的朋友們無緣享受，於是留給我們。至於價錢無所可考，但當年付的是新酒價格，無論如何應該不貴吧？」

這位朋友接著笑著補充：「我們就是這樣傳承下來的。為自己，為兒子、孫子，或者可能沒機會認識的曾孫、曾曾孫們準備好酒。譬如2003年對法國的葡萄酒就是一個特殊的年分。

因為地球暖化效應，春季來得過早且過暖，而夏天則出現異常高溫，許多葡萄抵擋不住超過攝氏四十度的炙熱凋萎乾枯了。倖存果實因水分蒸發反而保留高糖分與圓熟單寧，另一方面葡萄梗也因為高溫而木質化，成為另類單寧來源。雖然紅葡萄酒可能因為酸度不足而略嫌平淡，但有絕對的資格陳年，也許需要二十年才能達到顛峰，要是上帝允許的話，說不定還能與孫子一起欣賞。

但是現在買進酒窖2003年分狄康堡，看來歷史重演，必須留給我也沒機會蒙面的曾孫享受了。」

大夥也笑了，一起舉杯為許多年以後、在座都沒有機會認識的那位有幸享受2003年分狄康堡的主人子孫以及他的朋友們祝福。當時我想，後來我也繼續這麼想：從某種角度審視，說不定這就是「生根」的真諦。因為法國人相信他們家族將綿延下來，他們為後代所做的、所累積的事物不會流失、不會徒勞，所以他們能夠耐煩，忍得住慢，也願意等待。他們所努力的，不是為了眼前的消費，而他們現在所享受的，也曾經過時間的淘洗與深化……。

那一次巴黎品嚐狄康堡的難得經驗，值得一輩子慢慢回味。如果非要做選擇一款我最愛的葡萄酒，我依然會選擇狄康堡，特別是上了年份的老狄康堡。

Bordeaux Rouges

Années récentes

		Bouteille	Magnum
1945			
Château Mouton d'Armailhacq	AC ★ R	350	
Château Beychevelle	AC. ★ R	400	800
Château Larcis-Ducasse	AC. ★ R	350	
Château Canon	AC. ★ R	400	800
Clos Fourtet	AC. ★ R	400	
Château Petrus	AC. ★ R		1.100
Château Pichon Lalande	AC. ★ R	400	
Château La Mission Haut-Brion	AC. ★ R	550	1.100
Château Haut-Brion	AC. ★ R	600	
Château Mouton Rothschild	AC. ★ R	600	1.200
Château Margaux	AC. ★ R	600	
Château Lafite	AC. ★ R	650	
Château Cheval Blanc	AC. ★ R	650	
1943			
Cos d'Estournel	AC. ★ R	300	
Château l'Évangile	AC. ★ R	300	
Château La Conseillante	AC. ★ R	300	
Clos Fourtet	AC. ★ R	350	
Château Cheval Blanc	AC. ★ R	500	
1940			
Château La Mission Haut-Brion	AC. ★ R	300	
Château Margaux	AC. ★ R	350	
Château Mouton Rothschild	AC. ★ R	350	
Château Cheval Blanc	AC. ★ R	400	
1938			
Château Margaux	AC. ★ R	450	
Château Mouton Rothschild	AC. ★ R	450	
Château Cheval Blanc	AC. ★ R	450	
1933			
Château Certan	AC. ★ R	500	

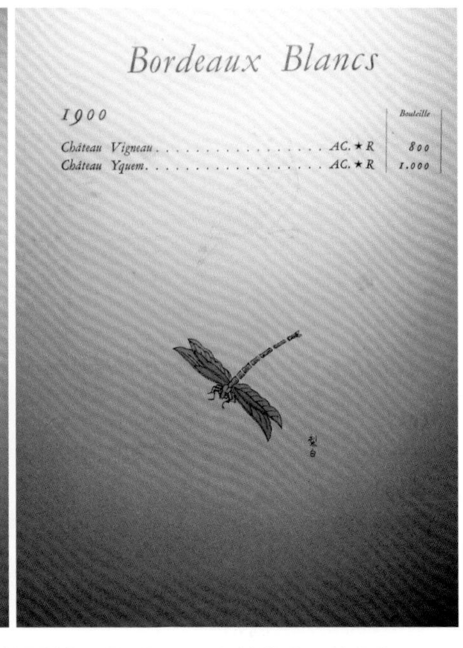

Bordeaux Blancs

		Bouteille
1900		
Château Vigneau	AC. ★ R	800
Château Yquem	AC. ★ R	1.000

這是法國最有名的酒商Nicolas在1950年的酒單上，註明1900年的狄康酒售價為1000法郎；而5年前剛上市的1945年木桐堡則為600法郎，可了解當時狄康酒並不算太貴。

Author

楊子葆
先生

現任行政院文化部政務次長、曾擔任我國駐法國代表、外交部政務次長、輔仁大學國際長等職務。為人幽默風趣的楊次長本是學習工程出身，但對藝術、人文與美酒有極為高度的素養，並撰有《葡萄酒ABC》（秋雨文化2012）、《葡萄酒文化密碼》（財信,2011）、《葡萄酒文化想像》（馬可孛羅2009）、《微醺之後，味蕾之間》（馬可孛羅2011）等酒學佳作，普受美酒界的推崇。

醫學會議牽引的品酒緣

人、時、地相配合的飲酒樂趣

陳博光

我的好友陳新民先生，專精法律。早年留學德國慕尼黑，研究之餘，兼修品酒與美食之學，又精通音律，是難能可貴的人才。文筆優美，著作等身，除了法律專門著作，讓青年學者、專家們奉為圭臬外，他又將多年品嚐葡萄酒的經驗，不吝出示編輯成冊，給大家做進入葡萄酒世界的入門書，也給予酒商、酒迷們，膜拜欣賞的重要參考。其影響力已遠遠的超過它實用的價值。這是新民兄的文筆生動，用字遣詞，生花妙筆，一時洛陽紙貴，不但傳頌一時，所介紹的好酒，更成為品酒行家，販酒商家們重要的參考資料。讀其文，如見其人，甚至對岸雅士同道們也大量引用它、參考它，做為品酒之範本及收藏的金標準。

酒仙李白大詩人，嘗云；「天若不愛酒，酒星不在天。地若不愛酒，地應無酒泉。天地既愛酒，愛酒不愧天。」除非不勝酒量的人，或是有某種堅持的人，滴酒不沾者，幾希？李白時代應以烈酒居多，但以唐朝東西方交流貿易發達，應酬相對也會頻繁，葡萄酒之類的發酵酒也會很多。唐詩中提到的美酒，應是這種酒精含量低的葡萄酒。其實說穿了，葡萄酒最重要的是成分，乃是乙醇（C2H5OH），其次是芳香族（phenolics）。由這些化學成分，充分的激發我們的視覺、嗅覺、味覺等等五官，以達到愉悅的境界。人類最敏感的感覺，均在眼、鼻、舌之間5平方公分之內。古今多少王公貴族、巨商大賈販夫走卒，乃至文人雅士，均一一樂在其間。

由於一生服務於醫學中心，我有很多機會，出國參加各種大大小小的醫學會議，在晚宴中，主辦人幾乎是以葡萄酒來宴客。這種宴請都會令人想了解葡萄酒的奧妙，除非不勝酒量的人，或是有某種堅持的人，滴酒不沾者，幾希？

記得1978年到德國的威斯巴登（Wiesbaden）參加歐洲風濕學會發表論文，這個美麗的山城就靠在萊茵河岸北岸，是休閒的勝地。白天在會場裡主辦單位就備有各種白酒及美食招待。在最後在惜別晚宴，又特別安排大家到郊區的山上古堡聚餐。同行有幾位台灣醫生，包括尤耿雄主任、施俊雄主任等和夫人們。當晚美食很，多烤乳豬、香腸、火腿等等大魚大肉紛紛出籠，令我們大開眼界的是當晚大會一共提供十款不同的白酒，它們分由不同產區來的。由年份最小的微甜酒Kabinet開始品嚐。台上自然有酒博士專家為我們一一解說，當晚參加者不下三百人。開始時可以自由取酒飲用以配美食，很快地大家就打成一片，尤其來自北歐的年輕醫師最為開心，因為瑞典不產酒，外加進口稅又貴，因可以無限暢飲，大家話匣子大開，天南地北無話不談。非常融洽！

慢慢的酒的供應愈來愈少，到最後兩種白酒，就每人只能分到一杯。當時不知道原因，百思不解。只知道大概就是價格高檔吧！心中有些失望。後來才知道德國白酒越是昂貴的越是香甜，也就是說它的等級從微甜的酒Kabinet，精選酒（Spaetlese），遲摘酒（Auslese），到了充滿迷人蜜香的枯萄精選酒（Trockenbeeren auslese,TBA），其產量非常稀少。人生能有一次參加這樣的宴會，實在是夠幸福了！何況當天德國總統也蒞臨宴會，配合樂隊悠揚的樂音，讓參與晚宴的醫師們更加high翻天，也讓歐洲人對台灣留下深刻印象。

之後我又多次走訪奧地利及西德，承教授們的抬愛讓我對葡萄酒的瞭解，更上一層樓。特別是Saarland大學的Mittelmeier主任教授多次殷勤的招待，白天在醫院裡進修，晚上餐敍，他是熱心教學又喜歡品酒，在他寬敞的家中，牆上掛著很多有名的油畫，酒窖內還珍藏著3000瓶葡萄酒，他希望我留在他家一起喝酒、不要回台灣了。除非把酒喝光為止。但我回答說：我是很想陪你天天喝酒，但是我怕你又跑去買酒補充，如此一來，酒就永遠喝不完，我就回不了家了。　耳區是德國麗絲玲（Riesling）重要的產區，透過他的解說，讓我對德國酒有更加深層的認識。

後來有機會到法國開會，我想多了解法國的飲食文化，去學了一些皮毛法文，希望看懂酒單及菜單內容。開始時，常常力不從心，酒區遼闊、品種複雜難以辨別，但我肯花時間跟朋友交流就有些心得。他們連中午開會都喝紅酒，喝到下午會議時都昏昏欲睡。在南部喝隆河的頂級Hermitage，到了阿維儂，就在樹下喝教皇新堡的紅、白酒。而台灣引進葡萄酒的商行也逐年增加，孔雀酒行的曾彥霖先生，是推廣葡萄酒的熱心人士之一。大夥們常在他那狹小的店裡拿著酒杯搖搖晃晃、天南地北無所不談。

後來在NK Yong醫師的推荐下，造訪波爾多與五六十位莊主一起用餐，席間各式各樣紅白酒，任君選擇，與我同桌的幾位莊主，都不懂英語或國語，我只好用僅有的法語表達，倒也撐完場子。May Elaine 女士是波爾多的大姐大，也是當晚的主持人，雍容華貴，儀態萬千，令人印象深刻。1990年後，可説是台灣葡萄酒蓬勃發展的時期，我們有機會選擇更多的好酒、而且價格也比較平實合理。如今國際間把好酒當商品操作，加上各國愛好飲酒的族群風起雲湧，品質優良又合理的價格的好酒，似乎漸漸的難以尋覓了。

如今小型的品酒族群興起，成立了很多品酒的小團體。記得幾年前朋友相約去一家義大利餐廳相聚，每個人各自帶瓶有相當酒齡的好酒共同品嚐，有波爾多五大酒莊，有布根地的頂級好酒，令人垂涎。我帶一瓶義大利Piemonte地區1990年份的Barbaresco區的Gaja頂級的SoriSan Lorenzo，這瓶酒在酒窖中，靜靜的躺了超過二十多年，它真是寂寞啊！再不開瓶喝掉，恐怕它的酒質會像我一樣的垂垂老矣。我期待與大家一齊分享。當晚我們興緻高昂，點了些佳餚美味。人人都是主人，人人也是客人。我為人人，人人為我，在輕鬆愉悅的氛圍中，慢慢的品嚐美食，細細的綴飲美酒，四瓶紅酒有的細膩、有的芬芳，各有風味各擅其勝，隨著時光的流逝終於飲畢。

席間大家決定把酒來個評分，依照各人喜好品評今晚的美酒名次。但不用記名投票，結果呢？居然大家（五票）都投給SoriSan Lorenzo，當然也包括我自己的票選，之所以得到大家的青睞，我認為經過25年在酒窖中修身養性，這款酒仍能保持寶石紅般的清澈顏色，開瓶時聞到濃鬱花香以及淡淡的漿果香，酒體飽滿豐富，像極了舉手投足撩人風情的優雅仕女。喝完後久久不能散去的是迷人的韻味。好個Nebiolo。

品葡萄酒不需要太正式或太制式化，應是充滿生活化。好佳餚要是有適當的酒來匹配，自然會相得益彰。白酒、紅酒、玫瑰酒或是香檳氣泡酒各司其職，與白肉、紅肉、海鮮等等食材互相搭配，可以促進食慾。

進入葡萄酒的世界，才知道此處博大精深，奧妙無比，每個人可以因自己的興趣志向或需要做鑽研，各得其樂。談到飲酒的樂趣，仍然離不開人、時、地三要素。老友相聚、老酒數款、在安靜的餐廳或溫馨的家中，佐以烹調適配的菜餚蔬果，天南地北，不拘小節，把酒言歡，其樂無窮。

所以司馬遷在史記裡的滑稽列傳中，提到淳于髡回答齊威王的問話，到底你的酒量如何？淳于髡說『臣飲一斗亦醉一石亦醉』，齊威王懷疑的問：這怎麼可能呢？他回說，如果大王您賜酒，兩旁站著執刀的軍官、後面又有監察官（警察），我肯定會嚇得兩腿發軟，此時飲一斗就醉了。如果在家中，我家老爺要我斟酒，款待親友長輩，再多也不過是二斗就會醉倒了。若朋友交遊，久不相見，卒然相　，歡然道故，私情相語，飲可五六鬥徑醉矣。若乃州閭之會，男女雜坐，行酒稽留，六博投壺，相引為曹，握手無罰，目眙不禁，前有墮珥，後有遺簪，髡竊樂此，飲可八斗而醉二三。日暮酒闌，合尊促坐，男女同席，履舄交錯，杯盤狼藉，堂上燭滅，主人留髡而送客。羅襦襟解，微聞薌澤，當此之時，髡心最歡，能飲一石。這段話道盡了世間人受酒精（alcohol, C2H5OH）的影響力有多麼的大。最後淳于髡又說：酒極則亂，樂極則悲，萬事盡然。用現在的話來說就是，「喝酒不開車，開車不喝酒」古今皆同。齊威王聽完這段諷言，也知道自己酒色過多，影響朝政，而能撥亂反正專心國務。終於讓入侵的諸侯紛紛退兵，而保有齊國的強盛。

新民兄乃我長年的良師益友。適量喝酒可當成一種樂趣，可啟發靈感，擴大見聞，兼之瞭解各國風土人情，歷史文化，促進友朋感情交流的妙處。兼之可增進健康，延年益壽。可在有限的生涯中，尋求些許歡樂兼之紓解日常工作後所帶來的壓力？「夫天地者，萬物之逆旅，光陰者，百代之過客？而浮生若夢，為歡幾何？古人秉燭夜游，良有以也。」，酒（久）來酒（久）去，不可以再舞文弄墨了！我還是就此打住吧。

Author

陳博光

教授

現任台灣大學骨科名譽教授；陳博光教授聯合診所院長；前亞太骨科醫學會會長（APOA）；中華民國國際美酒美食協會第一屆理事長；陳教授在台大任教與行醫數十年，不僅造就英才無數，也造福不少病患，可謂功德俱修之人，其課餘之時，對美酒的鍾愛也引領台大醫學院與台大醫院的品賞美酒風潮，陳教授曾擔任台北最早的品酒團體－孔雀騎士團團長，是台灣葡萄酒品賞界的元老，對台灣推行與認識葡萄酒的功勞甚鉅。

我與新民兄的美酒緣

中央日報開闢「酒緣專欄」的結緣

邵玉銘

本人於西元2000年到2003年擔任中央日報董事長兼發行人。臺灣經過1988年1月開放報禁以來，由於報業競爭激烈，中央日報在財力、設備與人手三面不足情形下，經營日益困難，報份江河日下。在該報如此艱難之際，面對兩大挑戰：一個是改換版面、豐富內容以吸引讀者；二是若讀者增加，報份上漲，始有廣告進來之可能。因此，改版以豐富內容為第一要務。中央「副刊」享譽海內外數十年，是中央日報最具吸引力的版面。為吸引讀者，在這個版面，我做了兩項改革。一個是恢復停止多年的「方塊」專欄，邀請許多新手撰稿，其中包括一向對國民黨有意見的南方朔先生。另一改革是推出陳新民先生的「酒緣」專欄。從2001年8月到2002年12月底，每週一篇。此一專欄推出之後，佳評如潮湧。

個人雖阮囊羞澀，有時也需美酒美食安慰自己一下。所以每一讀到我能夠起而效法的專欄，我都前往飯店酒莊一一品嚐。

在品嚐之餘，深覺新民兄品味高超，見解獨到，所言不虛，敬佩之心油然而生，深覺他在美食與酒國中絕未浪得虛名。但感佩之餘，但又難免略有忌羨之情。個人印象最深的事是在他有關紹興酒專欄刊出不久後，接到一位自稱紹興人的八叟老翁來信，對該專欄稱讚備至，向本人打聽專欄主人之身世與來歷。

本人早年在美國留學，為籌募學費，也曾在哈佛大學附近一家高級俱樂部擔任調酒師（即bartender）。該俱樂部為一猶太人百萬富翁所開，內中提供世界各地美酒，本人均曾一一品嚐，自認對酒以及品酒尚具知識與經驗，但是在拜讀新民兄專欄之後，只能脫帽致敬，自歎不如。

新民兄為法學碩彥，對憲法學與行政學鑽研至深，著作等身，為其同行之翹楚，馳名海峽兩岸。依據個人多年與之交遊之觀察，他可說是白日向學著述，晚上暢享美食美酒，其人生之美好令人贊羨。新民兄最令人驚訝之處，是好酒而不醉。一位美國幽默作家Ogden Nash 曾經說過：糖果固然可口，但是酒則易醉（Candy is dandy, but liquor is quicker），此話對新民兄完全不適用。中央日報在2003年4月，決定將新民兄之專欄，再加上他其他相關文章一起出書，名為《酒緣彙述》後來新民兄又將此書出大陸版，囑我寫序，當然從命。今年新民兄大法官任期屆滿，為表對他功成身退祝賀之意，特撰此文。

Author

美國芝加哥大學歷史學博士，美國聖母大學（Univ. of Notre Dame）歷史系終身教授美國，1987年返台後，擔任行政院新聞局長至1991年為止，後陸續擔任中央日報董事長兼社長、外交部北美事務協調委員會主委及台灣公視及華視董事長。卲教授學貫中西，尤其英文造詣甚佳，且對生活品味與美酒美食都頗為講究。

邵玉銘
先生

那年夏天的

德國普綠園逐粒精選級甜白酒

江漢聲

足以與伊貢．米勒酒莊並稱為德國兩大酒莊的J.J.普綠園釀製的1983年份逐粒精選，這瓶酒且出自號稱全萊茵河地價最貴的日晷酒村（Sonnenuhr），是行家爭購的對象。

我一直覺得人對人的感覺很奇怪，不管多久以後，我對朋友的印象還總是停留在我們相處的那段時間裏。就拿我跟新民的關係，我們相識在1982至83在德國慕尼黑留學期間，之後我們成為很要好的朋友，35年來我們一直有聯絡，身材也一起變老變胖，頭髮也一起變白變少。可是見了他，還是感覺和在德國那時一樣，老遠聽到他的聲音就想到他的模樣，然後就是老江老陳聊個沒完，享受一整個午後的歡聲笑語，這是時間沒有辦法改變的一切，朋友是老的好，因為我們共同擁有那美好的記憶，而且潛意識中，就把對方停留在那段時間裏！

新民是一个生活美學家，跟他在一起總有聊不完的話題，他喜歡華格納（Richard Wagner）的音樂，喜歡在跳蚤市場收集各式各樣的古董，更是紅酒白酒的專家，我事實上不懂酒，在德國喝每種酒都要問他，而他總是津津樂道，對我而言，不管是好酒好菜，記得最清楚的祇是跟誰一起享用，其它的事像是人家告訴我關於酒的故事或酒的特殊傳奇，味道變化，高昂價格都很快就忘記了。所以要我來談印象最深刻的酒，尤其是跟陳大法官有關的，也就回到了我們在德國的那段時光了。

在德國，我們大部分喝的是白酒，德國家庭酒是餐桌必備的食物，所以大部分不是那麼昂貴，他們甚至在地下室貯存著一打一打的白酒，因為地下室溫度低，所以當成放酒的冰箱。有一次，我在超級市場買了一瓶白酒，喝起來特別香甜，新民來我那裡，我就請問他這是什麼酒，他說這是特別甜的Beerenauslese（可以譯為「逐粒精選」，簡稱BA），也就是說從晚熟的葡萄釀製出來的酒，這種酒由於葡萄早先被葡萄孢菌侵入，幾乎吸乾了葡萄中的水，所以糖和礦物質的成份特別高，所以那麼甜。同時是由果農逐串挑出已感染孢菌的果粒釀成，因此極為費工，故取名「逐粒」（Beeren，即英文的Berry，「果粒」）精選也，價格當然比一般精選級（Auslese）與遲摘級（Spätlese）貴上數倍，且都用於佐配飯後甜點之用也。

我聽得津津有味，和他共飲也特別香甜，在那個夏天在德國，我最愛喝的酒從此就是此等級的「逐粒精選」白酒。

我是拿德國政府交換獎學金（DAAD）在慕尼黑科技大學留學，一方面和當時內視鏡手術大師Mauermeyer教授學攝護腺切除，一方面也修博士學位（Doktorarbeit）。由於要省錢，醫院給我一個住的房間在地下室，我一個人住在這裡學開刀做論文，新民假日常會到醫院旁邊的跳蚤市場買些奇奇怪怪的東西，然後拿來跟我獻寶，我吃不慣德國食物，自己煮東西吃，有時也請新民一起吃，常被他嘲笑。我常常一個人買瓶「逐粒精選」白酒，邊聽流行音樂邊看文獻喝酒寫論文，聽到很通俗的

Summer Wine這首歌，就跟著慵懶地哼著。

Summer Wine這首歌的歌詞是Strawberries, Cherries, and an angel's kiss in spring, my summer wine is really made from these things。這夏日美酒不就是在講我喝的這瓶「逐粒精選」白酒嗎？這種酒真甜，喝起來像喝果汁，不知不覺就喝多了，也就像Summer wine中最後my eyes grew heavy, and my lips could not speak，於是躺下來睡個好覺。

由於遇到一位疼愛我的老教授Mauermeyer，我在慕尼黑祇待兩年就完成了學業，在回台的行李中我特別放了一瓶「逐粒精選」白酒。，因為怕在台灣買不到。回到台灣後，我的工作相當忙，沒有閒情雅致來品酒，這瓶「逐粒精選」白酒。不但被束之高閣，我也早忘了它的存在。兩三年後，新民也學成回台了，有一天我們重聚聊得很開心時，突然讓我想到這瓶酒的存在，就很興奮地跟新民說：唉呀，我差點忘了從德國帶回來一瓶「逐粒精選」白酒。新民說：「老江呀，你回來都多久了，很多酒是不能放太久的，搞不好已經變成一瓶醋了！」我一聽，真的好失望。新民說：「還不一定，要看你放在什麼地方，怎麼放，每種酒都不大一樣。」我說：「那我做東，吃一次飯，把酒帶來喝看看。」那天，我翻箱倒櫃找出這瓶「逐粒精選」白酒。，擦拭好瓶子上的灰塵，小心翼翼地把它帶到餐廳。新民一看，哇了一聲，馬上恭喜我買到一瓶

最具代表性的德國萊茵河名酒莊－J.J.普綠園（J.J.Prüm）的逐粒精選。且說到普綠園乃是全德國足以和號稱「德國第一天王名酒莊」－伊貢．米勒（Egon Müller）並駕齊驅的不二人選，其作品皆有久藏的實力。

聽到這句話後，我心中頓時輕鬆不少，心情也樂觀起來。新民隨後把這瓶酒晃晃聞聞的，真像品酒專家，然後用開瓶器把軟木塞慢慢拔了出來，弄得我有些緊張和尷尬，連忙把已開的酒瓶搶過來，先喝一口，又重　到那個夏日佳釀「逐粒精選」白酒。的甜美，興奮地叫著：「哈哈，新民，還是酒，不是醋！」

那天，我們打開話匣子，酒酣耳熱中把慕尼黑的點點滴滴重新回味了一次，對我而言，是平生最好喝的一瓶酒，滴滴香醇，甜到心頭。

「逐粒精選」白酒比起時下流行的法國波爾多或布根地的頂級酒莊而言，並不是什麼名貴酒，或許可以稱之為老葡萄酒吧，對我而言真是老酒，在慕尼黑的那個夏日，老酒和老友所釀成的甜蜜印象，就讓我腦中一直停留在這美好的記憶裏！

Author

江漢聲
先生

早年畢業於臺灣大學醫學院、後負笈德國慕尼黑科技大學　獲得醫學博士學位，是國內泌尿科的權威教授。江教授除了醫學造詣外，也擅長音樂，經常舉行鋼琴演奏會，甚至錄製鋼琴協奏曲唱片，堪稱多才多藝的才子。目前擔任天主教輔仁大學校長。

作者攻讀博士學位期間，
與德國友人暢飲啤酒。

2016年的震撼

2009年份法國范貝格酒莊白酒

張治

2016年間我喝過最震撼的一瓶酒，就是范貝格酒莊（ Bernard Van Berg ）2009 "Les Echalas" Blanc 白酒。各位或許不知道這是什麼酒，它是法國布根地莎當妮的酒，來自種植於1957年的老欉葡萄園，年產只有121瓶，因此還需要客制定座容量較小的橡木桶……但這都不是最重要的，最重要的東西，我現在才要告訴你。

在你一生所知悉的古今人物中，你最想成為其中哪一個人？各位的答案一定包羅萬象，但范貝格酒莊莊主的答案是：「我最想成為亞當」。我第一次知道這位超級釀酒師的答案時，覺得驚訝而困惑，但知道他的原因之後，我大受感動；他說：「因為亞當是第一個人類，他不會受到世俗與成見的規範，我希望我能像亞當一樣，沒有任何既有的羈絆，沒有人云亦云的標準，我不要照著別人告訴我莎當妮應該怎麼種植釀製的方式，我要以100%的真心誠念來照顧我的葡萄園，釀出能真心誠意反映出葡萄本身想法的葡萄酒。」

我在2015年讀了一篇范貝格的口述採訪稿，他花了很長的篇幅闡述他對「風土」的見解，我讀了三遍，感動得眼眶泛淚，立刻去連絡他們的國外出口酒商；他告訴我他們酒莊已經有了代理商，但受到我的誠意感動，決定還是賣給我一些數量。這家的酒價格高昂，但我覺得他的價值已非一般標準可以衡量，范貝格的酒，是打開另一個葡萄酒世界大門的鑰匙。

范貝格 這家酒莊何以能讓我如此醉心？長話很難短說，我先簡單講個楔子就好。

布根地法定產區分級（AOC）最低檔次的Bourgogne-Grand-Ordinaire AOC，在2012年已正式更名為Coteaux Bourguignons AOC，這個分級比我們平常喝到最便宜的Bourgogne AOC，還要低一級，我暱稱它為「最低級的AOC」。而這家 范貝格 酒莊，做的一款 Bourgogne-Grand-Ordinaire AOC 的「最低級AOC」白酒，卻是丹麥Noma餐廳的厚厚酒單中，標價最昂貴的一支莎當妮（酒名： 2009 "Les Echalas"），一瓶約4000歐元，甚至比樂花酒莊 1969年之夢他榭還貴！

這家位於丹麥的Noma餐廳，目前是全世界最難訂到位子的高級餐廳，不但年年都入選全球最佳50大餐廳，而且在榜單上都名列前茅，Noma餐廳在2014、2012、2011、2010都是排名世界第一，2013與2015則是「屈居」第二與第三，堪稱最高標準的食府殿堂。Noma的料理兼具創意與美味，選酒也極其嚴苛，能夠進他酒單裡的酒款均非泛泛之輩；據說Noma的侍酒師拜訪范貝格酒莊時，他試完酒當場被電到，立刻跑去葡萄園裡抓起園中的的野花雜草來品嚐，想了解是甚麼樣的葡萄園環境能生產出這麼迷人的葡萄酒？ 同時他也立即下單訂購，把酒列入Noma的餐廳酒單之中。

范貝格他的酒，年產量只有約1200瓶，不是某款酒做了1200瓶，而是十幾個品項，全部加起來只有約1200瓶。2016年我最得意的一件事，就是從范貝格酒莊買到Noma酒單定價4000歐元（未稅）的這支2009 "Les Echalas" 莎當妮，另有一款我看中的一款白酒"En Busigny" Type P，我想買12瓶，法國酒商告訴我：不可能給你那麼多，因為這款酒范貝格全部也只釀了29瓶……你是否和我一樣驚訝呢？

范貝格只有2公頃的葡萄園，分佈在Meursault、Chagny、以及Puligny Montrachet。范貝格的幾個葡萄園滿佈肆意生長的野花野草，除了定時修剪與極少量的馬匹犁田，他沒有做更多可能「滋擾」土壤生物平衡的舉動，也完全不使用肥料、農藥、與殺蟲劑，他的葡萄園維持著大自然天成的原始生態系統，每一塊葡萄園的兩側都挖掘了排水渠道，並在葡萄園周圍刻意留下空間，任由野生荊棘生長——-這就是范貝格替葡萄創造的家園，一個與自然共生的微型植物社區。

園中的葡萄是60多歲的老藤，每株葡萄樹單獨使用半人或一人高的木棍來固定枝條（En Echalats），范貝格不只是為了懷舊而採用這種復古的種植方法，他認為這樣可以圍繞著植株來整理每一株葡萄樹，而且對葡萄而言更通風且易於吸收陽光。

本酒莊的葡萄園中，一株葡萄樹只能結出2到3串果實，每公頃的產量平均在700公升左右，這大約只有其他布根地特級園單位產量的五分之一，簡直就是追求完美到了近乎苛求的程度。

不僅如此，本酒莊還完全遵循古法釀酒；不去梗、不添加人工酵母、不加糖、不人工過濾，而且只靠雙腳來踩碎葡萄榨汁，每日早晚兩次不間斷，直至發酵結束；這對任何人來說都是單調而乏味的工作，但范貝格卻甘之如飴，他覺得用腳踩才能夠感受到葡萄汁開始發酵的過程，是一種幸福的體驗。

這瓶范貝格酒莊 2009 "Les Echalas"我已開瓶品嚐完了，充滿著高雅的白花香氣，口感帶有白桃、香草、忍冬的風味，極其細緻均衡，而且給人一種純淨昇華的氛圍，餘韻悠長，繞樑不絕，層次感與複雜度都已到了登峰造極的程度，非常耐人尋味。范貝格用謙卑的心態面對大自然與葡萄園，而這一款2009 "Les Echalas"，不只是一瓶莎當妮白酒而已，這是大自然給予他最好的獎賞與回報。

法國白酒聖地普里尼．夢他榭酒村。

Author

張　治
先生

畢業於台灣大學電機系，曾從事衛星通訊事業頗為成功。其英文名字Thomas，故以T大為筆名。T大是國內最著名的葡萄酒評論家與鑑賞家，其網路文章點閱率常居台灣第一，不僅經常擔任國內各種葡萄酒會的評審、講座，也是許多報章雜誌美酒專欄作者，由於對葡萄酒的知識十分廣博，面對市場的行情、景氣的預測都有獨到的功夫，是寶島台灣葡萄酒界最重量級的人物。

充滿
戰爭氣息的
小鳥酒

2005年份
卡洛琳堡老藤酒

葉迺迪

感謝陳新民教授不嫌棄，盛情邀稿分享葡萄酒相關，想想，思酒念酒這麼多年如果這一小小分享還寫不出來，那這麼多年也真是白喝了。

既是分享令人感動的一瓶酒，那天南地北無所範圍也是一大考驗，咱們陳教授也是出個難題，但換個思維或許陳教授要我們這些業餘的葡萄酒愛好者寫感受應是要以另類的、輕鬆的角度與筆觸來表達不同的感受與情景。

天南地北的分享一瓶絕版了的自然派白酒，為什麼説絕版了呢？這酒當年是由PartrickDesplats跟SébastienDervieux兩位大哥合股一起投資而生產出的白酒，是法國羅亞爾河（Loire）的Chenin品種釀造而成的，當年酒莊取名：格里歐特堡（Domaine des Griottes），前前後後沒幾年這兩位大哥就拆夥不幹了，當然這款酒也就絕版了，市面上賣完為止，收藏者喝一瓶少一瓶，反正外面要買是難上加難了。

當然葡萄酒這東西本來就見仁見智，海畔有逐臭之夫，個人喜好並不絕對，在此只是分享個人的小小心得，話說這瓶被我們暱稱為——-小鳥酒的卡洛琳老藤酒（Caroline VieillesVignes ），2005年份的酒當年幾個朋友一起買時都覺得好喝，紛紛加碼購買，我還藏了一些在酒窖內藏到忘記，只記得要節約著喝，好朋友來時再開一瓶分享，今年整理酒時發現還有一箱真是分外欣喜，趕快又找幾個好朋友一起品嚐。

說到自然派葡萄酒，他並不是一個新的東西，酒一直是自然的，但如今自然派葡萄酒卻屈指可數，猶如滄海一粟，真是可惜啊！葡萄酒大師伊莎貝爾.雷爵宏說：無論是否經過認證（或是沒能被認證），自然派葡萄酒確實存在市面上。這些酒最基本的條件是得來自有機農耕的葡萄園，在釀造過程中沒有增加或移除任何東西，最多就是在裝瓶時加入微量的二氧化硫。這使其成為最貼近 Google 搜尋出的「葡萄酒」定義，亦即經發酵過後的葡萄汁。

採收葡萄而後發酵」或許聽起來相當簡單，一旦仔細探究便會發現，自然派葡萄酒在其最為純淨的模式下，幾乎宛如奇蹟；因為這是唯有葡萄園、酒窖、酒瓶三者臻至完美平衡時，才可能達到的成果。

這也是為何自然派葡萄酒價格上比較高的原因，有幾個常喝酒的酒友就對自然派葡萄酒並不那麼推崇，他們的說法是－也沒什麼，香氣、年份、個個條件，跟「非自然派」比起來就是貴，還貴不少，我為什麼要多花那些錢？的確，咱們除了某些膜拜酒或某些一級酒莊、知名酒莊經炒作，價格居高不下外，平常我們也常常在找性價比好的酒來喝，大家都不是傻子，為何要被當大爺耍、被坑呢？

若說物以稀為貴，的確，在這世上自然派葡萄酒就因為不多，種植的有機、採收後光一個不添加任何東西使其自然發酵就費事不少，釀造工藝的嚴謹與不易，造成每年的產量有限、或相對比較起來是稀少，其價格自然就高揚些許，但為何還是有一群人追逐著自然派的酒呢？而且還越來越多人……主要是自然派的酒喝了之後身體感覺「沒負擔」，以中國的形容來說就是「喝完了不上頭」，有朋友跟我說他喝了自然派葡萄酒之後「回不去了」，以前珍藏的那些酒都不想喝了，大陸的朋友說因為自然派酒必較稀有、比較「高大上」。

眾所皆知一瓶好的白酒往往能壓過紅酒，我所提的這瓶2005年份的卡洛琳老藤酒，就是這樣的一瓶白酒。剛開的時候只聞香氣撲鼻不顯特別，香氣撲鼻的白酒多的是了沒啥可書，但口感絲滑彷若清風拂過，無感的穿過喉間，待醒過40~50分鐘之後，有股淡淡如同拜拜燒香的沉香味釋出，待醒過一個多小時，濃郁的煙硝味出現，說的接地氣一點就是火藥味、放過鞭炮後的味道。我們喝葡萄酒的人都知道有時候煙硝味對葡萄酒未必是加分，但我會特別提出來就是因為他的特別，這特別的煙硝味會讓您迷戀、一聞再聞、一嗅再嗅，捨不得放下，捨不得喝她。此時喝一口彷若喉間被重重一擊，驚訝之情難以形容，與紅葡萄酒不同的是紅酒醒過之後單寧會顯柔和，令酒感柔順，這瓶白酒醒過一至二個小時之後酒體反而變強，口感變重。真不知是這瓶酒的特別之處還是自然派葡萄酒的關係？以前也喝過醒久了變強、口感變重的酒，但不多。

怎說呢，這瓶令我念念不忘、流連忘返的白酒已絕版了，市面上應該是找不到了，幾個朋友也是喝一瓶少一瓶我大概也只剩一箱，話說酒是要分享的，若有好友找到我，而我還有的話，定當分享，一起同樂。

Author

葉 酒 迪
女士

作者1993年白手起家，創辦泓格科技股份有限公司，對於安全消防體系、電子紀錄、及其他自動化與控制設備研發與製作，都有傑出成就。許多國內外重要建築都採納其公司產品，目前為上櫃績優科技公司；同時亦為上海金泓格國際貿易有限公司董事長、泓格通（武漢）科技有限公司董事長。為感念母校元智大學的栽培，於102學年度捐款百萬回饋學弟妹，設置「元智大學管理學院泓格科技獎助學金」，幫助清寒學生向學。可見其熱心公益與助人之善念，於職場成就外，作者亦鍾情於葡萄美酒，多年來經常參加黃老師所率團之歐陸酒莊參訪團，對葡萄酒的品賞功力甚深，且經常將珍藏美酒分享諸友，乃品酒圈內最慷慨與最受歡迎的朋友。

紹興酒香中的回憶

舊時光中的小小酒耗子

傅建偉

都說冥冥之中自有天意，細細想來，或許、我現在所從事的黃酒事業就是因了孩童時期即根植於血脈中的紹興酒因數的激化昇華而導致的呢。要不然，何以解釋烙印在記憶深處的脈脈紹酒香中那個揮之不去的小小酒耗子的童年時光呢？

外婆家的老宅，是南北開間，進深很深。西南邊是二舅家的，東南向是三舅家的，外婆居中，南屋居住。北屋做廚房和堆積柴火之用。北屋臨河，一到冬天，就特別的陰冷。此屋最大的好處是：陰涼通風，對於釀造和存放紹興大缸酒是最合適不過了，若是需要保溫，拿些稻草在酒缸四周捂實，就好了。

外婆和兩個舅舅都很喜歡喝酒，而且酒量不小，對於他們來說，飯可以不吃，酒是一定要喝的。因此，舅舅家每年都要做些老酒來吃，做酒的地方自然是北屋。收成好的年份能做上個三四缸，差一點，也一定想法子釀個兩大缸。往往是挪用部分口糧來做酒。

這裡我所說的缸，是我們紹興酒傳統手工工藝酒的專用缸，俗稱七石缸，容量有七石米可存放，按現在的計量，七石米大概有 300～310公斤左右。這種缸高度有一米餘，缸口直徑在一米四五左右，上口大，下盤小，根據對重心的把握，用很小的力就可以滾動大缸，設計很科學。七石缸缸壁很厚，而且缸口沿下 30 公分處，還專門有一個防止破裂的由竹篾編織而成的，或是鐵制的缸箍，用起來特別結實，不容易磕破，非常適合釀酒、儲酒。

由於缸沿高，對於孩童的我，往往只能踮著小腳遙望缸裡明晃晃的酒液，若想舀上一碗，就非得用小板凳墊腳不可，這還是酒液滿缸的時候；若是酒液半缸或不及三分之一，即使有板凳助陣，那也得一手緊扣缸沿，一手儘量伸展，半個身子斜進缸裡，雙腳幾乎懸空，方能打上半碗來。這種大缸的液位很容易使我們這些小毛孩產生視覺偏差，覺得液面近在咫尺，唾手可得，其實即使我們伸長了胳膊小手，也遠遠夠不到液面。因此有時過於專注打酒，忘記了腳下的凳子，彎腰時，腳尖一用力，把墊腳的凳子給掀翻了，結果腳下無處著力，失去了重心，一頭栽進大酒缸裡，便成了名副其實的酒耗子。這種糗事，我上演過不止一次，至今印象深刻。

光陰如梭，孩童時代夢境一般，一晃而過，但銘記於記憶深處的往事卻揮之不去，恍若昨日。

孩童時除了玩，就記得吃。特別是在玩到放酒缸的北屋時，那種偷喝的欲望就會一陣陣襲來，腳步自然就停留在那裡。人有時和動物真的區別不大，特別是利慾薰心的時候。我演繹出的偷酒場景，那完全與耗子偷油沒什麼兩樣。長大後的我有時呆想：耗子與人類的基因高度一致，一切藥物實驗都以鼠為實驗體，動物性方面的相似是肯定的，偷油與偷酒的耗子常在油缽和酒缸中失足犧牲，同魏鵬遠、徐才厚等「淹死」、「葬身」於如山的現金堆裡，其實質是一樣的。人一旦自降為動物，成了碩鼠就很正常了吧？

開始的時候，我是小心翼翼的，用小碗稍稍舀一些，悄悄喝幾口就放下了。為了防止被大人知曉，總是按原狀放好，儘量做到缸面上幾乎看不出任何異樣——其實那都是自欺欺人罷了，舅舅哪有不曉得的呢。由於大人們的睜一隻眼閉一隻眼，從不同小孩子計較的放任，我的膽子愈發大起來，漸漸的，竟敢敞開肚皮大喝了，偷酒喝更是常事。

那是一個春日上午的後半晌，大人們都出工忙活去了，家裡就剩下我們這幫精力旺盛的小屁孩兒，玩累了，各自散去，我一看周遭沒人，搬個小板凳就竄到酒缸邊上去了，缸裡的酒已然不多了，晃蕩著像口小井。換了幾次身姿，都差那麼一點點夠不著。時間一點點過去，外面似乎有腳步聲越來越近，我一著急，身子一個前傾，「嘩」一下，整個人就一個猛子栽下去了。若是慢鏡頭重播一下的話：那該有跳水運動員的范兒，雖然這是無意間塑造成功的。在腦袋咚一聲撞上缸底的瞬間，我雙手本能地撐住缸底，想極力地抬起頭來。可惜的是，雖說姿勢優美了，卻失去了對眼耳鼻舌口的保護，結果是酒醪漫灌，瞬間沒了頭臉，淹了天地，心頭的滋味恰如英勇無比的革命先烈被敵人用辣椒水活活灌死的痛楚，在我以為一定完蛋了的時候，竟然被舅舅給拎著兩隻小腳提了出來。救苦救難，阿彌陀佛！渾身上下滿滿的酒糟味兒久久不散，特別是在火邊一烘，更是熏人，令表哥表姐等一干淘氣的表姊妹們掩鼻而逃，邊跑邊拿手指劃鼻子吐舌頭地羞我。

家人猶可，令人著惱的是，村落裡的人也不放過戲謔我的機會。個個聞香辨味，皆呼我為「酒耗子」。消息傳開，玩伴們會當面或背後一陣起哄，並高聲鬧調地大叫：「酒耗子，傅建偉，偷酒喝，變酒鬼！」如此窘迫，實令我難為情。好在是童年不知憂和愁，縱是白天被人羞辱一番，隔夜就把事忘了。要不，真沒法做人了。

新酒的味道最是誘人，鮮爽醇美，哪個不愛呢？雖因沒有完全發酵，酒精度不高，然後勁卻十分的大，或許是喝到肚裡，還在繼續發酵的緣故吧？現在許多人仍因為它的甜淡鮮爽受騙上當，喝得找不到東南西北，而迷失了回家的路。當年我失足掉進酒缸，乃至每每醉倒在缸腳邊，就是因為沒有抵擋住它的誘惑之緣故。

記得有一次捉迷藏，我就躲在酒缸邊的稻草堆裡，幾個表兄弟不知是找不到我，還是忘了找我而去玩別的了，總之好久沒來叫我。我呢，還以為自己藏得好，他們找不到。時間久了，酒缸裡的酒不時散發出誘人的香味，我實在忍不住，想想反正沒人就舀了一碗，偷偷地喝了起來。喝完，心想：反正沒人看見，再來一碗。這樣一碗又一碗的，喝了多少，自己都記不得了。

哪知家釀的米酒雖說酒精度不高，但後勁很大。不一會兒，身子一酥軟，腦袋一沉，我就醉倒在地昏睡過去了。倒在軟軟的稻草堆裡，睡了不知道多久。後來我才知道，外婆家裡的人喊破了嗓子，找遍了每個角落，都急壞了。等到晚飯時間，舅舅到酒缸取酒時，發現有一雙小腳露在缸邊，才把我推醒。這個笑話直被家裡人說道至今。今日想起，也真是好笑好玩。

Author

傅建偉
先生

為中國著名的品酒師，教授級高級工程師，享受國務院特殊津貼，現為全世界黃酒最著名的寶庫——浙江古越龍山黃酒集團董事長。
傅先生溫文儒雅，文人氣息極重，與其交談會立即驚訝其學問淵博與文采之豐富。除了美酒知識外，傅先生對美食——尤其是紹興美食的鑑賞功夫，亦是國家級水準，中華大地傑出人才之最，可見一斑也。

難忘的一次飲酒體驗

1958年份法國歐布里昂堡

吳書仙

相信這世界只有極少數人能有機會喝到比自己年齡還大的佳釀，尤其是還來自名莊的佳釀，對我而言，只要有機會，一定是風雨無阻，那怕每杯花上千元，也是要本著朝聖的心情前去體驗。

2008年五月的一個下午，上海酒友來電話講：那位買酒單的人來上海了，今晚開1958年的HAUT-BRION（歐布里昂），過來吧！真可謂酒令如軍令，馬上推掉所有事物和約會，前去與酒會面。

要說真正識得喝名莊老酒的人在大陸還是比較少見，而這位王先生乃是來自臺灣的愛酒人，至今還是我見到過的第一位消費者中最捨得花費和懂得飲酒的老兄，對我而言，他更可貴的是喝好酒的時候他不吃獨酒，他喜歡與同好分享，而且每次來上海都會叫上我，因為他喜歡與人探討酒在不同層次的滋味。

這位老兄愛上葡萄酒直到現在按他自己的講法是娶了葡萄酒，其實最初也是跟多數人開始喝葡萄酒的人一樣，覺得啤酒漲肚，配海鮮還容易痛風，喝烈酒傷肝，喝黃酒泛胃酸，但做生意總要喝酒，就開始喝葡萄酒，一開始也不覺得這葡萄酒好喝，只到有一天有人送他一瓶瑪歌的酒，才發現原來葡萄酒有如此好喝，覺得酒中有乾坤，自己買了好幾本酒書來看，看了半個月才發現原來他自己買的酒都是日常餐酒，這時候他覺得要懂葡萄酒需要雙管齊下，一要自己去喝，二是喝的時候對照書來看。

到如今光世界有名的100家酒莊的酒他全喝遍了，比我要多，而且照他自己的講法，他的味覺敏感度能達到我的八成，只不過有的話不會像我這樣用更好聽的話來形容。

話說26日晚，他從夏朵處以優惠價12,000元人民幣購得這款酒。本來有人講要醒瓶，而王先生和我反對，理由是怕老酒禁不起折騰，如果倒醒酒器裡怕香氣丟失，看酒色主要呈橙紅色，杯中間的酒色依然帶有微紅色，酒剛打開的時候，香氣不顯，王先生身邊的夏朵的老闆老闆講，這酒還沒壞，而我則表示，先別忙下結論，等等看，大約過了十幾分種，香氣出來了，是那種發展的很佳的陳釀的香氣，比如說香草、杏脯、桃脯、香料等綜合香，酒到嘴裡感覺單寧相當成熟，酒味柔順，再過半個多小時，酒中出現了東北森林中野生乾香菇香氣，王先生講，這是松茸味，他稱其為男人菇，另有人講這是木耳味。再過十分鐘，聞到了橡木味和陳年紅茶香，再接下來是乾樹葉。

最後大家吃完飯後到了另一個房間聽音樂，王先生還沒捨得喝掉這酒，繼續拿著酒，時不時的聞聞，後來有人抽雪茄。大家要知道葡萄酒也是喜歡吸收氣味的，品好酒不能搽香水和抽菸，甚至口紅都不能搽，最好不要和餐混在一塊，不過這一晚，由於是晚上還是混在一起吃了，

這時吸了雪茄味的酒散發出了霉乾菜的氣味。

最後總結的時候，大家都認為這酒雖然五十來歲，但是風韻猶存，依然像化裝得體的貴婦（因為大家都稱歐布里安昂的酒為美女酒）。酒的香氣比酒的口味更出色，特別是香氣持續的時候如此之長，真是讓人驚歎，如晚上7點開的酒，到酒會結束時的十二點半，酒依然有香氣，要說法國名莊的魅力，這算其中之一。

回來查年份表資料，1958年並不算很好的年份，8月下了126毫米的雨，不過好在9月份陽光明媚，特別是採收前一周溫度高，使葡萄成熟度很佳，這一年的葡萄是在10月6日開始，18日結束採收。

這次通過品嚐58年的歐布里昂酒，更進一步加深了對法國酒的喜歡，如果我難得喝好一點的酒，還是要法國名莊，因為她們從不張揚，不動聲色的依然如故，唯有懂得欣賞的人才能領悟到他們古典、豐富而深邃的內涵，感受到蘊涵著天、地、人合一的美，法國人是用他們的酒來展示給你了。

Author

吳書仙 女士

早年曾在山東葡萄酒廠工作，開始愛上葡萄酒，於是自我進修，成為中國首位葡萄酒獨立酒評家。吳女士曾遠赴世界各重要葡萄酒產區、酒莊參觀學習，具有世界觀的評審精神。近年來努力撰寫酒書，迄今已有十六本著作問世，堪稱華人葡萄酒著作最豐者。其代表作如《戀戀葡萄酒》（2007）、《嫁給葡萄酒》（2008）、《白葡萄酒經典》（2011）、《葡萄酒佐餐藝術》（2012）、及《美國葡萄酒領袖產區：納帕和索諾瑪》（2016）。吳女士多年前曾勇敢揭發大陸某大酒廠虛偽不實的行銷手段，促請大陸政府正視國產葡萄酒的仿冒情形，獲得社會高度的讚賞，咸稱讚其具有高度的道德勇氣與良知。

絕妙的兩次重逢經驗

1970年份義大利哥雅酒莊「堤丁之南園」

闕光倫

飲酒多年，喝過的酒數以萬計，覺得好酒各有所長，真是美酒如美女，各有其氣韻靈動，只要能觸動心靈感動自己的，便是好酒，好酒是無分高下，不排名次的，至於派克先生的百分評比，個人認為是市場行為，是給一般消費者簡單選擇的好辦法，但對於資深的品酒人，自有他自己的心法或準則，以便於無盡酒海中選出所愛來品飲或收藏。

年前新民兄來電，邀我和幾位上海同好，各寫一篇自認為最好最難忘的美酒，酒神來邀，除了興奮外還挺傷腦筋，一生品酒無數，大概只分好壞，至多分上中下三品，要我擇最重要的一瓶，一時之間頗生為難。

最近年末辦了一次美酒會，席間發現一瓶數年前品過的好酒，忽然間解決了我心中的難題。個人從臺灣來滬25年，經商之餘以售葡萄酒為樂，因年紀稍長資歷較深被上海同行推為上海美酒會會長，會員均為從事葡萄酒行業者，每月辦一次主題酒會，參加的葡萄酒同行們人攜一瓶，在不同的餐廳舉辦晚宴，自2004年起已辦了12年，從未中斷，由於都是業內人士，大家爭先拿出好酒，所以次次都有驚豔，2016年底我邀了12位資深同好，每人帶一瓶酒齡十二年以上的酒，做一次歲末聚餐，正因為這次的例行聚會，發現了我要尋找的美酒，席前照例大家出示所帶的酒，來賓各顯神通，好友鄧峰先先拿來一瓶1970年份義大利歌雅酒莊（GAJA）的「堤丁之南園」（ sori Tildin），我一看不禁暗喜，就是它了，因為幾年前我喝過，也是鄧兄帶來，第一次覺得義大利酒怎會如此美妙，完全改變了我對義大利酒的看法，其震撼心靈的感覺記憶猶新，當時就把空瓶留了下來，我辦公室有兩隻空瓶，另一瓶是和新民兄共飲的1989年份的德國伊貢米勒酒莊之枯萄精選（TBA），當然那又是一次永難忘懷的記憶。

鄧峰先生是上海美酒會資深會員，旅居義大利二十多年，勤奮經商致富，平生喜好美食美酒，對義大利酒精研甚深，收藏義大利頂級美酒無數，是美酒會裡的義大利酒專家，個性開朗豁達，喜歡拿美酒與人共用，與我見過許多隻收不喝拿來炫耀營利所謂的藏家完全不同，老年份名莊酒能夠喝一次己屬難得，此次能再次回味這絕妙的經驗要非常感謝鄧兄的慷慨大度，

話說當晚各路英雄大顯神通，有帶來1982年的「第一作品」（Opus One），1982年份色丹堡（Chat.Certan），1982年份La Gaffeliere，76年份伊貢米勒之遲摘酒，「義大利第一白」之卡迪波斯克（Catel Bosco）及天堂香檳，但我情有獨鍾，就是又出現眼前的1970年的哥雅，由於忘了帶老酒開瓶器，當晚雖然有許多專業高手，還是沒能把這瓶70年酒塞完整啟出，看著落入瓶中的碎木塞，心中好生心疼，經過換瓶過濾後，看著乾淨的酒液，祈禱不會影響它的風味。先開始喝的是香檳和白酒，接著是老色丹等開門，口感各有其妙，但心中還是想著能否重溫往日情懷，接著有人建議把哥雅提前，實在是太好的提議，輪到我時特意多要了點（旁邊女仕說不勝酒力要少喝點），看著那褐中帶紅的酒色，仿佛中世紀的兵器，在鏽色斑斕中隱隱顯著光澤，帶入鼻前輕輕一聞，哇

塞！有種走進森林踩過晨露浸潤層層落葉所散發的氣息，其中隱隱透出菌菇香，有人告訴我這正是白松露的味道，是的，這種只有在頂級法國酒才有的風味，竟然在義大利酒中出現，還更加濃郁，近50年的存放依然保持如此絕妙的風彩，可見哥雅製作之精妙，在場的多為業內高手，對此酒紛紛讚不絕口，尤其是它那豐富多變的口感，初聞為菌菇香氣，漸漸的轉為黑梅加檜木香，口感由柔轉甜，40分鐘後氣息淡而悠遠，欲尋而不可得，但轉瞬又飄然而至，那種神韻就像沉香高手以原木切片用頂級香灰爐烘烤出來的奇楠香，香遠益清，近嗅淡如，不冶不凡，喝酒到這種地步可說此生無憾！至於口感因年份的關係已入綿柔之境，堅澀全無甚至還帶點蜜餞的甜味，說句行外話，真像小時侯新公園旁那家酸梅湯的味道，當時幼小心靈認為這就是天下最好喝的東西。真正的好酒並不一定是天下無雙的，它是能觸動心靈，讓你充滿無限想像，也許是一段美好的回憶，或突生靈感幻化出自己都想不到的情境。

哥雅何以如此神奇，新民兄早在他的大作「稀世珍釀」中就有提及，它是義大利北部巴巴萊斯可（Barbaresco）區第一名莊，而這款「堤丁之南園」是歌雅三個頂級酒園得分最高的，面積3.8公頃，全部種植內比歐羅（Nebbiolo）葡萄，年產量一萬四千瓶，1970年是它第一個上市年份，一上市便得到各方好評，酒癡求之而不可得，美國「」酒觀察家雜誌曾對其1985、1989、1990三個年份評分，各為98分、96分及100分。

能獲如此高分莫怪各地葡萄酒愛好者均以一嘗哥雅為榮，我能連品兩次義大利第一名園的始創年份，實在是美酒人生中最幸福的事！

Author

闕光倫 先生

作者闕光倫先生早年由台灣赴上海經營房地產開發，卓然有成。事業成功之餘，由於深愛美酒，毅然轉行投身美酒行業，先後創立上海夏朵酒莊、大葡園酒莊，並擔任上海美酒會與美饗會社長，是大上海地區美酒美食界的風雲人物。這必須歸功其樂善好施，慷慨熱情的個性。當他剛在上海推廣法國美酒時，中國仍是葡萄酒沙漠一片，如今上海成為中國美酒品賞中心，闕兄的功勞至深也！

我的
干邑之緣

普諾尼1893年百年干邑

張揚名

2016年秋天，我遠赴法國白蘭地的產區－干邑，接受市長頒發的「榮譽貢獻獎」，以獎勵我在台灣推廣頂級年份干邑二十多年之貢獻，我能得此殊榮，是基於干邑最古老的家族之一的普諾尼家族（Prunier）掌門人－史蒂芬·普諾尼（Stéphane Prunier）的推薦。也是因為我自從1993年發現台灣尚不熟悉這一個可以追溯至18世紀，是一間擁有超過300年歷史的頂級干邑，遂決定全力爭取到台灣的代理權。經過三年的努力，我就成為全球銷售該干邑第一的進口商。

我成功的法寶，是利用酒廠將1964年份干邑調和成20年干邑來銷售，這是世界上第一瓶可以標示年份的干邑。後來為了保留單桶干邑原酒的原始風味我要求酒廠不加水稀釋，也才會有後來「單一年份單桶干邑原酒」這些產品的出現 ，和現今流行火紅的蘇格蘭「單一年份、單桶、單一麥芽威士忌」，不謀而合。

這近30年來的品飲記憶當中，我品嚐過無數的威士忌和干邑，但如果你問我心目中最喜愛哪一款酒，我還是會偏心地說是「普諾尼1893年百年干邑」。我記得多年前當我首次品嚐到這款超過百年歷史淬鍊的老干邑時，酒廠主人敍述著祖父那年代的故事。

「1893是個特殊的年份，我認為這是19世紀以來最好的三個年份，那年經歷了一個非常寒冷乾燥的冬季，春季極度乾燥，十分不適合葡萄生長。但幸運的是，普諾尼葡萄園所在的區域並沒有遭受影響，使他們可以種植出大量成熟並可蒸餾出高酒精度的葡萄。這是在歷經葡萄根瘤蚜蟲災害之後，第一年可以大量生產干邑的年份，非常讓人印象深刻且最珍貴的一年。

這款酒呈現非常明亮的深金銅色，因為長時間陳放於橡木桶賦予其極深厚卻平衡的香氣，像是堅果、橡木、皮革及雪茄的氣味，其中非常有趣的是它帶有「新鮮堅果」的香氣，這在干邑裡是非常罕見的。入喉後可以感受到它非常強勁卻又圓潤的口感，全因在潮濕地窖中陳年於橡木桶超過55年所賦予的強烈單寧，這正是這個年份的特色。

緊接著你會感受到黑巧克力融合甘草的香氣。以這麼老的干邑來說，普諾尼1893年可說是非常獨具個性的一款酒。如果你是一位干邑的愛好者，有機會品嚐到這款酒時，你也會像我一樣無法自拔地愛上它！

我完全贊同並經常回味酒廠主人這段美妙的言論。能夠品嚐古老年份的干邑，是一件幸運的事情，更何況是這一款超過百年的佳釀。雖然近幾年來頂級紅酒在世界酒市一枝獨秀，頂級干邑的市場已經被嚴重的擠壓。但是相信干邑奇妙風味的品賞家們，並不會減低它們對好的干邑之熱情。記得酒廠總裁史蒂芬·普諾尼曾經如此讚賞過干邑：

「如果你也愛上了干邑，你就會跟我一樣，談起干邑就是滿滿的熱情，每一瓶干邑都有她的故事，就像一本書，或者是一首詩一樣，銘刻在你的腦海當中，好的干邑，你永遠無法忘記。」

我很能和這個目前釀酒歷史排名第一古老的普諾尼干邑結緣，我也頗以能將這款不只是品牌，而是能夠承載百年法國釀酒藝術之歷史淬鍊的名酒，引進到寶島臺灣，與喜愛美酒的朋友共享這些瓊漿玉液，使每個人的品酒生涯，添加更多的驚奇與樂趣。

干邑市長頒發「榮譽貢獻獎」

Author

張揚名 先生

作者張揚名先生為高雄市常瑞貿易有限公司董事長，經營頂級葡萄酒、年份威士忌與珍稀白蘭地之進口與銷售業務。是大高雄地區最重要的品酒中心。張先生為人熱情海派，交友滿天下，也擅長美食。近年來對於匈牙利頂級托凱酒甚有研究，已經代理數家優質小酒廠，造福台灣酒客。

西班牙
格拉西亞諾
紅酒

我為卿狂

胡中行

2016年12月初去西班牙參加好友卡貝多（CABEDO）家娶媳婦的婚宴，卡貝多家本身就是貝本多斯（BEBENDOS）酒莊的主人，婚宴用自家的酒自然是再自然不過。 可是當喝下第一口之後當下顛覆了我對傳統西班牙紅酒由丹魄（Tempranillo），卡那榭（Carnacha），卡伯奈蘇維農（Cabernet Sauvignon）及曼西亞（ Mencia）葡萄釀出的印象。了解這支格拉西亞諾（Graciano）後希望能與好友分享它的故事。

顧名思義格拉西亞諾這款特殊的紅葡萄品種，原意來自「No Gracia」（不，謝了）的簡稱；英文 No Thanks。從名詞上，讓人可以猜想到這是款拒人千里之外的「搞怪」品種。

在西班牙Graciano是一款令人著迷的傳統少量的北方品種之一，但由於氣候因素以致葡萄熟成時間稍晚，因此常常被酒農或釀酒師拒種，於是慢慢地被移植到東南區域，甚至La Mancha（拉曼恰）。

但在西班牙瓦倫西亞區（Valencia）的格拉西亞諾區域，只有貝本多斯酒莊讓此品種生存了下來，也許基於感激之情。格拉西亞諾在卡貝多家族細心呵護下，相處甚歡，它幾乎每年都給予家族完美的回報。

格拉西亞諾2010年份的酒，曾經獲得美國派克大師（Robert Parker）的青睞，給予92分評價。從此這款酒就成為貝本多斯酒莊的限量版，每年尚未推出便已搶購一空！其實這瓶酒之所以受歡迎，是在於養尊處優老藤的本質結構，加上天時、地利和人和。

格拉西亞諾種葡萄樹生長於海拔700公尺高度的松樹林及紅果園中，日夜溫差大於攝氏10-12度。清晨朝露、半天向陽，下午地中海微風徐徐帶來了濕度，因此逼得這被拒種的紅葡萄樹也不得不開花結好果呀！

不過，好酒得靠「識途老馬」慢慢發掘、品味，這樣才能淋漓盡致地發揮，使人與酒相益得彰。好的紅酒來自好的釀酒師的培植和悉心照顧，當然一片富饒的葡萄園也決定了好酒的本質。

酒莊都有它的歷史背景和故事， 雖然貝本多斯家族擁有的格拉西亞諾葡萄樹只有這幾公頃，但您可知道這片葡萄園曾經受到一位藝術家瘋狂的愛戀嗎？當一位音樂家突然接到家裡這份意外禮物–祖傳的遺產，其中又是夾雜多少的秘史和錯綜複雜的人際關係？而這位音樂家能做的就是發揮藝術本能，瘋狂地讓他的葡萄田野「聽音樂」。

中國有句古諺：「種瓜得瓜」，他娶的可是來自東方的台灣老婆，一開始他接觸到葡萄園不知所措，他們前兩代爺爺是開玻璃廠的，賣玻璃瓶給酒莊，幾十年下來換來幾十公頃葡萄園；爸爸那一代也是做化工的；但經營紡織業，葡萄園只是換酒喝。他覺得自己是學音樂的，也不懂農業管理啊 ！ 所以只能以愛換心 ——給葡萄聽音樂，希望換來快樂和溫馨，並得到知音。他為了實現異想天開的夢想，每天一大早就高高興興地放貝多芬、巴哈、莫扎特等的交響曲給這片葡萄老兄們聽；黃昏時來段羅曼蒂克的蕭邦、舒曼、孟德爾頌。阿門！天知道，葡萄藤是領情了，葡萄葉也是朝氣十足，展開了茂盛的葉子如向日癸般地揮舞於田野之間。 啊 ！ 人間多美麗，鳥語花香，我與我的葡萄園共築了人間天堂！

秋去、春來、夏至，葡萄收成終於到了！我的媽呀！我的葡萄怎麼了？居然甜份不給，酸得叫人嘸不下口。就這樣我們的夢碎了，音樂家回去做他的音樂，苦果當然只有留給他的下一代－卡貝多家族的 LUIS 及 TONO這兩位爭氣的兒子，卻成就了這支酒。

另值得一提的是這支酒的酒標是西班牙國寶藝術家Juan Ripolles 的作品。

以下是格拉西亞諾酒的基本資料，酒精濃度 為14。5度，會在法國橡木桶中醇化18個月。此酒色澤呈現深紅寶石色，為西班牙傳統少量的品種之一，洋溢著青草和香料氣味，含濃郁的煙草和異國香料的風味；並採用最古老傳統的釀酒技術，在法國與美國橡木桶交替培養24個月，呈現出柔順厚實感、層次多變化，真是高深莫測，不信？一喝便知！

建議搭配各种紅燒料理，重口味，鴨、鵝、滷味、烤牛排、羊排、西班牙Iberico火腿。

A u t h o r

胡中行 先生

Eddie Hu

愛好美酒美食，本身也擅於烹飪，為人大方熱情，被選為擔任國際美酒美食協會台灣分會秘書長，近年來且熱衷爵士樂，擅長吹奏薩克斯風，曾灌有名曲CD一張以贈友人，可謂多才多藝。胡先生也雅好蒐集各式中外玩具，府上有如玩具博物館，可稱為兒童之天堂也！

難忘的感官「時光隧道」

有幸品嚐到與辛亥革命同年的澳洲波特酒

林殿理

非常榮幸能以此文祝賀陳新民大法官光榮卸任，得以心無罣礙、自由自在地重新浸淫在摯愛的葡萄酒世界裡。

回憶「童稚」時，我初入酒圈，新民兄的大作《酒緣匯述》《稀世珍釀》就已經成為我在酒海中的羅盤，帶領著我一一去發現那些未知的、令人驚喜的新天地。多年以後，這兩本書依然雄踞在我書架上的精華地段，但已經因為經常的翻閱而顯得陳舊。翻開書，我在書頁上留下的品酒記錄彷彿打開了記憶的水龍頭，何時、何地，與哪些好朋友們一起品嚐了那些「百大」名酒，一切畫面聲音和味道皆彷如昨日一般鮮活了起來。

猶記得當年對著書許願想喝遍這些世界名酒，雖說其中不少已是千金難買或是一瓶難求的逸品，但隨著年復一年密集的參加各式各樣的品酒會，以及實地到世界各地產區的採訪過程中，再翻書竟驚喜地發現已經「打卡」了其中大部分的酒，也親身造訪了其中不少酒莊，或認識了那些像神一般存在的傳奇莊主和釀酒師，或是他們的下一代接班人。

與新民兄本尊結識，要感謝黃煇宏兄的介紹。在我2007年移居上海，新民兄還未上任大法官時，我們曾數次開懷地在繁華的上海灘共飲佳釀。之後由於公務繁忙加上職務的特殊性，在大陸就不容易見到陳兄了，但依然常常從朋友們口中瞭解到彼此的近況。這次被要求挑選生平最感動、印象至深的一款酒寫出來和大家分享，讓我不禁陷入了沈思。

從菜鳥到老鳥，從超市酒喝到收藏級頂級名莊老年份，年均數千款酒的量，我也經歷了見山不是山，見山又是山的心路歷程。對於一個混跡酒海多年的人來說，說實在的，要感動是越來越難了。為什麼？其實就像談戀愛一樣，越年輕、越青澀的年代，感情就越是刻骨銘心，反而是人成熟懂事了以後，見多識廣又飽經世事，懂得保護自己了也不再義無反顧的付出感情。所以對我來說，誠實地回想自己品嚐那些頂級酒時的心情，例如老年份的Petrus、DRC等，那時多半是一種激動與興奮—「終於喝到了！」、「原來就是這麼一回事啊！」—有時甚至會有「不過如此嘛…」的想法。

喝酒到了一個程度，要感動已經不只是味道口感的問題了。當然，酒的各項品質指標例如平衡感，精巧以及複雜度仍然不可或缺，但還要有點什麼別的其他好酒難以企及的特性，才能將我深深打動。在這本文集當中，我猜測應該各種頂級名莊酒都會有人拿出來寫，不過我要寫的這款酒可能並不是很多人喝過，甚至很多遍覽名酒的朋友都不一定聽說過。

過去幾年，我曾經三度造訪南澳巴羅薩河谷（Barossa Valley）產區的歷史名莊，Seppeltsfield酒莊。這家以波特式加強酒為主的酒莊建立於

1851年，創辦人Joseph Seppelt先生之子在1878年為了慶祝波特酒窖的完工，宣佈將生產一款陳年100年的年份波特酒，命名為 Seppeltsfield 100 Para。此款酒果然在橡木桶中陳釀了100年，直到1978年才裝瓶上市。至今這家酒莊已經擁有超過連續130個年份的陳釀年份波特酒，是世上絕無僅有的珍貴資產。

酒莊代表 我到地窖里的品酒室，品嚐了1911年釀造的Seppeltsfield 100 Para波特酒。這經過100年陳釀的酒，顏色已經有如川貝枇杷膏一樣深，濃稠有如糖漿一般。放入口中，層層複雜的口感逐次展現，柑橘、山楂糕、烏梅、巧克力、堅果，在口中綻放出迷人的色彩，有歲月的積澱，但全然不顯耄耋之態。想象一下，這濃郁的，在辛亥革命同年採收釀造的酒，經過桶中的漫長歲月直到今天，外界早已發生了不知多少改朝換代、天翻地覆的巨變！

嘗完令人激動莫名的1911年Para，我還來到那陳釀著從1878年至今所有年份波特型加強酒的，堪稱無價的珍貴酒窖。除非你的出生年早於1878年，否則你一定能在這個酒窖里找到屬於你自己年份的酒，幸運的話，還可以從桶中取出來一嘗！我嘗了屬於我的1971年份酒，以年份波特的標準來説已經是相當濃縮複雜了，但因為剛嘗過比它老六十年的酒，就明顯覺得還像個年輕人，還有相當大的變化空間。

前面提到，除了各種美酒的品質指標，一款動人的酒還需要有的特性，我想就是「時空的記憶」了一打開一瓶老酒，發現它居然還生氣勃勃，開始娓娓道來那遙遠時空裡關於陽光、空氣、土壤的吉光片羽，還有早已作古的釀酒人們的誠心和手藝；這種沒有其他事物可相比擬的屬於感官的時光隧道，讓我們這些不分年齡、不分種族的酒痴們沈迷其中無法自拔，一代傳一代。

感謝新民兄以酒界前輩的身份將自身經驗不遺餘力地化為文字，像個大哥一樣的帶領我們這些晚輩發現酒海中的珍寶。期待在新民兄卸下繁忙公務後，很快能再有機會把酒言歡，談古論今，聊風花雪月！

Author

林殿理
Denis

現居上海的台籍葡萄酒作家、培訓講師。
以嘗遍天下好酒為己任，經常往來各國產酒區，擔任國內外葡萄酒大賽評委。
擁有英國 WSET 葡萄酒與烈酒講師資格，波爾多葡萄酒學校國際講師認證、西班牙里奧哈Rioja葡萄酒講師資格、紐西蘭官方葡萄酒講師認證等，常年與各產酒國貿易處合作，在中國各大城市進行教育推廣講座。
著有《微醺手繪》（2016世界美食圖書大獎賽 Gourmand Awards 最佳酒類插畫書獎）、《微醺之美》、《葡萄酒賞味手札》，相關文章經常發表於各大報章媒體。

徜徉葡萄酒
推廣樂趣

紐西蘭民宿品酒記

劉鉅堂

如果被問到「明天是世界末日，或流落到荒島，或死前你最想喝那一瓶葡萄酒」之類的問題時，我通常不願意回答，個人的理由很簡單，一瓶不夠，世界上佳釀太多，沒有單一一瓶酒可以完全凌駕所有其他的酒，何必為虛構的問題去煩惱想喝那一瓶。

事實上我推廣葡萄酒近30年，一直以來的信念就是認定葡萄酒最大的樂趣在於其風味的多樣性，獨沽一味或只取一瓢飲對我來說是頗可惜，會錯過更多的樂趣。每天只喝頂級酒，固然是一種幸福，也應該是辛苦累積財富後對自已的慰勞，但對於更多不熟悉的酒，第一回去品嚐去發掘，結果是驚豔或失望，不也是額外的樂趣？ 現今舊有傳統產區以外出現了越來越多的新興酒區，包括台灣在內也有一些頗有特色，值得品嚐且給予鼓勵的產品，放寬心胸去品嚐這些後起之秀，才能真正體會葡萄酒世界寬廣複雜之美。

影響葡萄酒飲用樂趣的一個重要因素是心情，而心情則會受到飲用時機與對象而改變，同一瓶酒在不同時機以及與不同人飲用，一定會因心情的差異而產生不一樣的感受。曾有客人跟我說「這款酒在國外曾經喝過，當時覺得很好喝，可是在台灣喝時就不怎麼樣」，其中原因不少，如進口運送過程出了問題，酒商保存不當等等，但我開玩笑反問他在國外跟誰一起品嚐，他當時就發出會心一笑。的確，人在國外渡假，心情放鬆，可能又是跟特定伴侶一起飲用，那款酒當然別有一番滋味。

基於以上的事件以及個人的經驗，我總覺得在國內最適宜飲用葡萄酒的場合之一就是民宿。民宿是台灣一大旅遊特色，頗受到東南亞與大陸遊客的喜愛，基本上在面積不大的台灣，一兩個小時內的車程就可上山下海，到達民宿。不過我心目中上佳民宿的要求是風景優靜，幾乎就可與塵世暫時隔絕，這才能體驗到與平日不同的住宿感受，在這樣的狀況下，入住後是不會也不想再往外跑，民宿所提供的餐點就很重要，能使用當地生產的食材去料理固然更理想，但至少要強調慢食，讓住客品嚐經過精心料理的美食，而不是僅僅填飽肚子，美食如果有美酒搭配，豈不是更加分？ 餐後繼續把酒言歡，不像平日那樣要擔心開車回家，或第二天得上班等等，聊到盡興，喝到微醺，就近躺到臥榻去，一覺睡到自然醒，那不正是民宿住宿的額外樂趣嗎！

2004年受紐西蘭觀光局邀請到了紐西蘭，行程裡有一回民宿的住宿經驗令我非常難忘，那家民宿「船庫」（The Boatshed）位於奧克蘭19公里外海上的懷希基島（Waiheke Island），設計和裝飾都與船或航海有關，5間房間中最特別的就是我住宿的那一間，稱為「燈塔」（The Lighthouse），共3層樓高，第一層為衛浴設備，經由一個小旋轉樓梯走上2樓就是臥室，最精采的是再經由旋轉樓梯上到3樓，有座椅，也有一張床，將落地玻璃門打開，或坐或躺，吹著涼快的海風，手拿一杯葡萄酒，居高面對Little Oneroa海灣，景色怡人，心情馬上變得寧靜放鬆。

入住時負責接待的年輕老闆Jonathan晚上成為廚師，調理一套4道菜的晚餐，當晚只有兩桌客人，我孤單一人一桌，幫忙服務的老先生原來是老闆的父親，設計了The Boatshed後由兒子經營，偶而有需要時則從奧克蘭過來幫忙服務。

Jonathan先開了一瓶半瓶裝的紅酒讓我品嚐，那是半島（Peninsula）酒莊的2000年份Little Oneroa Bay Cabernet/Syrah/Merlot，酒質已邁入成熟巔峰，頗甜美均衡。當Jonathan告訴我酒的來源後，我馬上把酒拿到外頭拍照－酒的背景就是Little Oneroa Bay，而半島酒莊就位於後方的半島上，酒與產地與酒莊連成一線出現在照片上（可惜已找不到這張照片了）。由於當晚的菜餚以海鮮為主，這瓶紅酒後來就無用武之地，被另一瓶Lawson's Dry Hills Sauvignon Blanc 2003所取代，這瓶是典型的紐西蘭頂級白蘇維農（Sauvignon Blanc）葡萄品種白酒，充滿濃郁的百香果與青草般風味，爽口酸度，餘味悠長，非常適於搭配海鮮類食物。

不知道是否因為人手不足還是慢工出細活，每道菜上菜時間幾乎都相隔40分鐘，等待期間開始有一點不耐煩，畢竟一人獨自用餐是頗無聊的，可是再想一想，急甚麼？ 渡假就應該放慢腳步，放鬆心情，隨著心情的改變，似乎菜餚和酒都變得更美味了。

這回紐西蘭民宿的感受與經驗，讓我確定心情會影響葡萄酒的享受，可能也算得上是我對於台灣民宿期待的源頭，以及非常樂於協助民宿推廣葡萄酒的原動力，後來甚至辦過兩回自帶法國藍帶廚藝學院畢業的廚師去民宿，烹飪並講解當晚的美食，再搭配我挑選的葡萄酒，讓民宿主人感受到透過美酒美食能帶給住客更多的享受。

可惜「革命尚未成功，同好仍需努力」，多年來民宿葡萄酒推廣計劃成效不彰，畢竟首要條件是民宿主人或是主事者得是愛酒同好，一般員工通常不會自找麻煩，引進葡萄酒為老闆多賺點錢，自己卻沒好處。民宿主人愛酒，自然較容易被說動去準備葡萄酒給住宿客人，做為額外的服務項目。同好有機會去高檔民宿住宿時，記得多給主人建議，準備多樣性葡萄酒，讓台灣民宿更具特色。

Author

劉鉅堂
先生

早年臺灣大學畢業後，投身餐飲界服務，閒暇之餘編譯一本「葡萄酒入門」（1996），頗受好評，更又陸續出版或翻譯《進入玫瑰人生：葡萄酒漫談》（1994）、《葡萄酒與健康》（1997）、《亞洲250支超值葡萄酒》（2005）等專門評價葡萄酒著作至今，並籌組「玫瑰人生」品酒會運作至今，堪稱國內最長壽與最具規模的品酒社團。劉先生一人兼具葡萄酒講師、進口銷售及美酒社團之負責人，可為是早期推展葡萄酒品賞的教父級人物。

讓我目眩神迷、魂繫夢牽的「黃鼠狼」

2010年份法國布根地色伏父子園「愛侶園」

羅德

我有幾位愛吃的朋友，平常喜歡小酌兩杯。每次的餐聚也總會帶瓶自己的收藏來和朋友分享。因 葡萄酒的範圍大，風土條件及氣候的影響更是明顯，為了要比較哪位好友帶來的酒較好，我們偶爾玩玩簡單的地方酒「矇瓶」比賽，憑各自舌頭選出公認的優勝酒。

我印象最深刻的是這一瓶法國布根地色伏父子園（Domaine B. Serveau et Fils）所釀製的香柏．木希尼酒（Chambolle Musigny），這個屬於一級酒，而非頂級酒區，卻有一款大大鼎鼎的「愛侶園」（Les Amoureuses），讓我有一個難忘的回憶。

說起「愛侶園」，品酒界一般都會立刻聯想到名氣最大，也是愛侶園產區的代表作－拉弗勒酒莊（Domaine Laflave）的愛侶園。本酒莊的愛侶園之酒標，是一隻小公雞，故常被戲稱為「小公雞」酒莊。

日本著名的漫畫《神之雫》便是將這款酒列為酒徒務必一親芳澤之十二使徒中的第一使徒，可見其地位之崇高。

和我第一次相遇，就是在一次飲酒的場合上，因為主題是香柏•木西尼酒，我便帶了這瓶色伏父子園所釀造的愛侶園。由於正式矇瓶比賽那天，我出差國外，因此我找了於是找了出題人王小姐（Meimei Wang）先牛刀小試一下，帶來一瓶公雞酒莊的2010年份愛侶園，來和這一瓶名氣較小的愛侶園比試一番。

這是在有陽光的中午，我們選在台北市富錦街小巷內，一家專賣歐陸料理小餐館「邀月兒」，並請老闆Dennel 親自為我們服務侍酒。那瓶2010年份的公雞酒莊，剛倒出來的呈現寶石紅，暗亮透光真是漂亮，醒酒過程也從濃妝艷抹的辣妹，蛻變成名門閨秀的穩重、博學跟有禮貌。儘管如此，兩款酒的Pk結果，都令大家吃了一驚，居然是不看好的色伏園勝出。

我們都說是酒標上的兩隻黃鼠狼把公雞給吃了，黃鼠狼不需要模稜兩可，不需要意境，見山是山的讓公雞無從招架，讓人懷疑公雞是不是昏死了，還是沒有醒過來。以後我就稱呼此酒為「黃鼠狼酒」。

再一次見到這款黃鼠狼愛侶園，是我們的海外矇瓶宴。這一次選在極致感官享樂的澳門，因為時值在情人節的前夕，主題就應景的選愛侶園。我們準備了香檳，讓在13：00開瓶的愛侶園都能先呼吸一下。本來計劃在美食餐廳內品嚐，也在熱烈氣氛下換成了Room Service，以便可以一邊聞香、一邊點菜分食。如此一直喝到19：00的晚餐時刻，才公布比賽成績。結果這瓶黃鼠狼果然厲害，拿了矇瓶選的第一名。

我還留了些杯底，在我們各自活動後，21：00再集合喝法國波爾多名酒莊（Chateau Longueville）男爵酒（Baron de Pichon Longueville ）——這是瓶最好年份之一的1982年份的名酒。

而後，我再次品嚐了這款2010年份的黃鼠狼。驚訝的發現，經過一下午的「摧殘」後。這酒體厚度雖然變薄，但結構仍在。黃鼠狼的美妙滋味，讓我對1982年份的愛男爵酒興趣缺缺，只想帶著滿嘴黃鼠狼的香氣美味去睡覺。

我最後一瓶2010年份的黃鼠狼是在酒友的回憶讚美裡，給拱出來分享。這次選在民生東路的Wine-derail 餐廳，原因是有人提議，要專心矇瓶喝酒，要吃東西的人自己點自己喜歡的東西。由於仍然是矇瓶比賽，這次有一瓶厲害的香柏．木西尼酒參賽，及大名在外的黑莫桑父子園（remoissenet pere et fils）——且是1983年份。

當晚的目光就集中在這兩瓶裡打轉，我們本都以為1983年份的黑莫桑會是No1，結果是我們都把冠軍一致的給了黃鼠狼。雖然黑墨桑從一開瓶就以豐滿甜美，博得大家喜愛，黃鼠狼不知道是杯子、還是其它原因，讓我一直認不出來。時間終究還給了黃鼠狼的香氣規模，而其不拖泥帶水的細膩，讓細節更聚焦。

1997年份的臥駒公爵酒莊的愛侶園，是最受歡迎的布根地名酒之一。

當所有參賽酒都呈疲態時，它依舊魅力四射的變化著它的美麗。酒友Sandy形容：她如少女般，香氣奔放，豔陽高照，偏紅寶石的色澤如同釋放的熱情，只能被她吸引牽動，入口後充滿甜蜜的感觀刺激，彷彿一對從來不知道愛情的煎熬，只沈浸於愛情歡愉裡的戀人，令人親嚐後印像深刻久久難忘，2010年份的黃鼠狼已經驚艷四座，難以想像她陳年後會如何讓人目眩神迷，魂縈夢牽。

酒友Momo從澳門回台後，更是遍尋不到黃鼠狼的蹤影，急到飛去布根地找，她說這瓶酒她要留到她人生最重要的時刻（結婚當日）與她的家人好友一起分享。

失戀總在分手後。是的，我現也在找尋她的芳蹤。沒有讓人親自的看到品嚐到，陳教授一定會說：「沒酒沒真相」，如果你有這隻2010年份的黃鼠狼，恭喜你！之前我已經覺得它夠好喝了。假以時日的萃煉，武功更當了得，問題是你願意跟我分享嗎？

Author

本名黃華曜，本業經營特殊鋼材，頗為成功。羅德事業有成之餘，更是以知食、知酒揚名在外。台灣本島何處有真正的美食、何處有名廚或名店，該店是虛有其名、魚目混珠或是真有實才本事，羅德無一不曉，且樂意與朋友分享，堪稱台灣美食資訊的活字典。

羅　德
先生

稀有的一瓶美國酒

1997年份利吉酒莊的「前瞻試釀酒」

周明智

自從2006年開始學習喝葡萄酒以來，師法神農氏嘗百草的精神，對於各國各種各樣的葡萄酒都想嘗試一下，當然從最基本款的便宜酒開始喝起，喝過很多美國的葡萄酒，感覺就是果香四溢，人工香料的味道很濃，而且橡木桶內的二氧化硫用太多，常常喝完後會頭痛不舒服，所以起初的印象不算太好，後來喝過一些美國膜拜酒及有名的貴貴酒之後又是另外一種感覺。

美國釀酒師想要做出像法國味道的葡萄酒，但是1976年那場著名的美法葡萄酒矇瓶對決比賽，美國的紅白葡萄酒都打敗法國的頂尖好酒，跌破一堆專家的眼鏡，滿地找碎玻璃及破碎的「法國」驕傲。

2015年7月4日阿彭會在內湖維多麗亞酒店No.168牛排館舉行，當天是美國國慶日，所以我們的主題就是美國酒。我從酒窖的角落找出一隻1997年份利吉（ RIDGE）酒莊酒，也是唯一的一支酒，我從方瑞酒藏買來的，我們的資深酒友賴桑看到酒標，就說它是ATP的酒，我因為年幼無知，知識不足，不懂他說甚麼 ？ 經過賴桑及黃教授的解說，我才茅塞頓開，了解到它是一瓶實驗酒，這支1997 年份的ATP只生產35桶，是在1999年3月裝瓶。75% ALICANTE BOUSCHET ，25% ZINFINDELS 所混釀的紅酒。

利吉酒莊從1977年開始ATP Advance Tasting Program 計畫，即所謂的「前瞻試釀計劃」，專門找一些稀少的葡萄品種配上金粉黛（ZINFINDELS） 或是隆河產區的品種SYRAH、GRANACHE或CARIGRANE，做出一些實驗性質的葡萄酒，所以一旦喝到好喝的算幸運，喝到怪怪的算正常。

當天這個1997年份的ATP 一開瓶，金粉黛的香氣撲鼻而來，以前我非常不喜歡純金粉黛的葡萄酒，有人工香精味道，但是這瓶只有25%金粉黛 + 75% ALICANTE BOUSCHET （我沒聽過的品種），混和出一種既性感又典雅迷人的味道，彷彿抱住一位身穿比基尼的貴婦在跳華爾滋舞蹈，非常奇特的畫面，整場舞會都被它所牽引，濃密的香水味道又有果味的尾韻，一直挑逗我的舌頭味蕾也被優雅的餘韻圍繞，時間已經過了1年了，到現在還在思念哪天的感覺。

提到利吉酒莊，2016年8月我剛好有機會在加州矽谷停留一週，親自去參觀納帕谷酒莊（NAPA Valley）是我夢寐許久的心中願望，所以特別安排行程參觀幾家著名的酒莊，像是盧耀酒窖（STAGS LEAP WINE CLEEARS）及利吉酒莊（RIDGE Vineyards）等。

利吉酒莊是非常古老的葡萄酒廠，可以追朔到1885年開始種植葡萄，1892年生產出第一批RIDGE Monte Bello紅酒。1960年代初期才正式命名為利吉酒莊，目前有2個主要的葡萄酒產區，最重要也最出名的葡萄酒產區是Monte Bello，位於聖十字山（Santa Cruz Mountains），靠近Cupertino。第二個是Lytton Springs 位於Sonoma County。

利吉酒莊最著名的事件就是在1976年「巴黎審判」美、法葡萄酒矇瓶

比賽中得到紅酒第五名，打敗一些法國名酒，一炮而紅。以卡伯納蘇維農 為主的RIDGE Monte Bello 紅酒已經是目前納帕谷的上流酒款，酒體飽滿，花香果香奔放，多樣的層次變化，飲完後口齒留香允指回味，當然價格也是上流頂層。

住在矽谷的酒友蔡先生知道我有此願望，特別安排一天開車送我到利吉酒莊參觀並試飲幾款好酒，酒莊位於海拔700公尺的小山頂，典雅樸實的木造房子被周圍的葡萄園環繞其中，周一到週五接受遊客預約參觀，周六及周日則是全天開門迎接訪客，我們坐在戶外吹著微風欣賞美麗的葡萄園，暢飲紅白酒，一杯一飲中體會人生的幸福至樂。

利吉酒莊的看家本領——貝羅山（MonteBello）。

Author

周明智
先生

朋友習稱為David周。早年曾是台灣最著名的電子新貴公司之創始夥伴，事業高峰時急流勇退，開始過者悠遊人生的神仙生活。由於極懂美食，愛好美食，且胃口其佳，贏得了「大胃王」的美譽。其「偉績」包括在與煇宏與新民兄共遊法國酒莊之旅時，於諾曼第海鮮晚宴，一口氣吃下五百顆以上的淡菜（當作前菜）；在維也納森林餐廳，一人吃下至少30公分以上烤豬排（一個成人份量的5倍），依然神色自若也。大胃周收藏美酒甚多，但為人慷慨熱情，且樂於助人，不吝與朋友分享所藏，也贏得了「周大善人」的雅譽——這個稱號似乎只有在武俠小說中才會出現矣！

記錄我生命不同階段

1978年份羅曼尼・康帝酒莊的塔希酒

郭昶志

對我來說，喝葡萄酒從來就不是只有喝葡萄酒。這整件事永遠包含了我跟誰喝酒？我在哪喝酒？我為什麼喝這個酒？這個酒怎麼來的？以及到底這個酒喝起來怎樣？ 所以若是說到我一輩子最難忘的一支酒，那就是羅曼尼・康帝酒莊1978年份的塔希酒（1978 Domaine de la Romanée,Conti La Tâche）。原因絕對不只是因為我和美女一起喝、也不只是因為這支酒的身價不凡、更不只是因為這支酒好喝到敲掉我的襪子，而是因為我從2002年怎麼買到這支酒到2008年為什麼享用這支酒，還有現在回憶這支酒，基本上它紀錄了我開始品飲葡萄酒這20年來的不同生命階段！

在1999年到美國南加州大學（USC）念書之前，我只認識波爾多，不需要五大，任何一瓶有「頂級」（grand cru）字樣的波爾多，就可以讓我嗨得像看到主人回家的小狗一樣。那時候，我純真幼小的心靈以為喝紅酒是通往上流社會的道路。第一個學期開始不久，我就被遠在波士頓念書的女友三振出局，這個刺激讓我決定前往離洛杉磯最近的葡萄酒產區泰莫庫拉（Temecula，一個半小時車程內）去確認是否應該繼續這條道路。泰莫庫拉距離住處不過一個半小時車程，不是一個什麼了不起的產區，產區裡的酒莊和我印象中的上流社會波爾多酒莊（chateau）比起來簡直就是XX比雞腿。然而，第一次真正看到葡萄園、釀酒設備和系統性的品飲卻燃起了我對葡萄酒的狂熱，開啟了我努力研讀各式酒書、雜誌，三餐吃吐司也要買酒試，跑遍整個加州產酒區的窮苦留學生學酒人生。

學酒人生帶給我兩個最重要的影響：

第一，就是認識各行各業的好朋友，把一個念職能科學的學生視野從校園拉到社會。要不是這樣，我如何能有榮幸認識陳新民教授呢？到現在我還是很懷念2003年九月在洛杉磯和陳教授到處找酒、買酒，享受特色餐廳的那幾天歡樂時光。另外，説點不正經的，要不是好友艾倫兄，我也不會早在假酒大師Rudy Kurniawan被FBI抓起來10年之前就看過他在拍賣公司惹毛一堆人的行徑。那時候只要他想標的酒，他會把手一直舉著直到無人競標；還有，他辦嘯鷹園（screaming eagle）垂直品飲會時，用牛皮紙袋包來一支開胃酒請大家隨便喝，結果紙袋拿掉，酒標寫著1999 Romanee Conti（世界名畫孟克吶喊臉）！

第二，為了能找到更多各式陳年好酒以及以相對划算的價格購入，我學會了在拍賣公司標酒的一些訣竅，那時常在Zachys、HDH、TCWC、Christie's和Sotheby's活動，也因此做起了一點把酒賣到日本的小生意。雖然當時念博士班有拿獎學金，但要不是這個小生意恐怕窮苦留學生的學酒人生也過不下去滴。

那這些跟我最難忘的1978年份的塔希酒又有什麼關係呢？當然就是跟

上述兩個影響有關啊！首先，不像現在塔希酒一瓶國際均價約三千三百美金，1978年份的國際均價約五千三百美金。在2002年時，一瓶普通年份的塔希酒只要約500美元。我很幸運地替一位生於1978年的好友香奈兒小姐（後來變愛馬仕夫人）以低於當時市價（含稅及含預售價）大約1000美金的價格，拍到編號8088的1978年份的塔希酒（這編號也太吉利了吧）。記得當時我純真幼小的心靈比香奈兒小姐還興奮，好友的緣分是難得的，香奈兒小姐後來遇上了她的真命天子飢餓醫師（使用IG的酒友應該找得到他），我們也變成無話不談的好朋友。

時光飛逝，到了2008年時，朋友們知道我再一年就要回台灣了，飢餓醫師賢伉儷，以及另一對夫妻好友，凱文夫婦（凱文乃制霸世界六大馬拉松之台灣第一人！）決定要在我回去之前規畫一趟一輩子會記得的納帕谷之旅，而這趟旅行的高潮之一就是在米其林三星餐廳「法國洗衣店」（French Laundry）晚餐，不過更高潮的是，飢餓醫師賢伉儷說要開那支超吉利編號的1978年份的塔希酒給我喝。說老實話，塔希酒喝過很多年份，不過世紀年份1978還真沒喝過，當時的雀躍的程度如果0分代表不雀躍；10分代表非常雀躍的話，我大概拿一萬分吧。那天晚上，我們同時還帶了1996年份的 Dom Perignon、1988年份樂花酒莊（ Domaine Leroy）的李其堡（ Richebourg）和1990年份積架酒莊（Guigal）的 La landonne享用，確保塔希酒不會太孤單。

侍酒師簡單和我們聊了些酒經，並確認不用醒酒器，便開始他神聖的儀式。這一杯1978年份的塔希酒，我光是將鼻子湊到杯口就高潮了，不過肯定不是因為掛了塔希酒標，掛了這個標口袋就低潮了。It's got everything you ask for from an aged Burgundy, be it bouquet or texture！ 撲鼻而來的成熟紅漿果香，交織著愉悅的菇蕈類香氣以及剛下完雨的土地味，閉起眼睛深吸一口，又可以抓到幾絲烏龍茶香，但是如果要選一種最具代表性的香味，我想絕對是那源源不絕令人難以忘懷的的桂圓味。由於人數不多，每個人都有足夠分量品嚐（太小口真的無法領略香氣與結構），一口啜飲，嘟嘴吸入空氣並將酒液漱向口腔中的每一個角落，平衡而勻稱的酒體、漂亮的酸度、柔化的丹寧、吞入酒液後那比非洲先生「UvuvwevwevweOnyetenyevweUgwemubwemOssas」的名字還長的尾韻以及結構末端呈現出布根地最難得的圓潤，著實讓我感動到眼淚都流了下來。這支酒的整體呈現有如虞世南的孔子廟堂碑，正鋒善圓，結構善逸，真是精采！如果硬是要挑毛病的話，我想層次變化不夠豐富是：它離偉大還有一些距離的地方。然而，只要是品飲老酒，永遠都只能代表該瓶酒的狀態，這不也正是有趣之處嗎？

2015年秋，我已離開洛杉磯六年。飢餓醫師、凱文和我相約一起去了趟布根地，本來是想要標一桶濟貧醫院酒，奈何酒價高漲，敗下陣來。這些年，好友們各自在自己的專業領域發展，好酒也喝了不少。不過，談起這瓶編號8088的1978年份的塔希酒，大家仍會滔滔不絕，而我，仍然會憶起自己學酒人生的點點滴滴，這瓶紀錄我生命階段的酒就是我最難忘的一支酒。

作者專心觀看香檳倒酒得神情。

Author

郭昶志 教授
Robin

任教於高雄醫學大學。個性活潑熱情，對葡萄酒、美食都有狂熱的投入與研究。在美國求學過程，已經專研美酒甚深，到處收酒、找酒，尤其是對大洛杉磯周遭的酒鋪，如數家珍。現已成為南台灣品酒界最受歡迎的人士。

愛往往都是
因為被打動開始的

記我喝的第一瓶紅酒
西班牙維加西西利亞酒莊「獨一酒」

馮衛東

二十年前，因為好友贈送了一瓶紅酒，這支西班牙維加西西利亞酒莊「獨一酒」（Unico）與好友分享時，打開這瓶酒後竟改變了我的人生足跡，難怪我當時和我一起品嚐這款酒的朋友非常肯定地說：「啊！可能我的下半生會跟紅酒結緣。」因為這款酒，因為這本書，漸漸地讓我完成了從事30年攝影工作的完美轉身，開啟我的下半生葡萄酒人生。

送酒的好友是個有心人，為了讓我瞭解這款酒，他複印了陳新民老師的第一版《稀世珍釀》第219頁中對這款酒的介紹，循著這個複印件的線索在香港購得這本書，這書也就成了我葡萄酒啟蒙的第一本書，（這款特藏酒是由90、91、96三個年份最好的葡萄浸釀而成），它的獨特香氣和濃鬱的口感，美妙的回味令我此生難忘，當年在澳門，只有在何鴻燊澳門葡京的法國餐廳有三瓶，我死皮賴臉買到兩瓶，之後在澳門還發現了才賣幾百港幣的副牌酒。

遇見、尋找更多書上推薦的「百大葡萄酒」，成了我赴港、澳的主要興趣。讀著、尋著，喝著，對葡萄酒的生活越陷越深，直至今時今日。這個不解之緣結得如此之深，甚至名片的設計也採用了這款酒外型，一是紀念我喝的第一款紅酒，二是在名片設計上也有一個特別的讓人記住的臉面。之後在另一本香港人寫的書中也查到這款酒，但作者直言「至今我仍未嚐過」！由於產量太小，也不是每年都有，是釀酒師隨興之作。想到這裡，我便欣慰自已一入門，就能與這款西班牙國寶級的紅酒相遇，難怪會對葡萄酒愛得如此之深！

Author

馮衛東 先生

朋友間喜歡稱其為東哥，為人豪邁、熱情，早年為攝影專家，而後投身葡萄酒鑑賞與買賣，在廣州經營之「酒遍東西」酒坊，引領羊城品酒風潮。所撰寫之《葡萄酒鑑賞寶典》（2011年，廣東科技出版社）一書，出版後洛陽紙貴，愛酒人士幾乎人手一冊。由於出身廣州西關，作者也精於美食，所主辦的東哥雅廚經常舉辦品酒會，堪稱羊城最快活的美酒美食天堂。

陳年紅酒——時光、物質、能量

見到藏酒引動的感知喚醒

池宗憲

時序輪轉，五十年、六十年、七十年、八十年……一百年前的酒，每一瓶都在與歲月競走，共同見到時光的呼喚，陳年韻味中找到收藏時光、物質、能量！記得了幾瓶老酒的味覺、嗅覺感官的主觀之間，我想到的是一位學有專精的法學權威陳新民教授，每每電話相約後，見面所看他熱情愛酒的樣貌，更見感性與理性的交鋒，其大作「稀世珍釀」中每瓶都親訪細品，我作為愛茶人引渡品茗之妙，穿梭品酒之門外漢，卻找尋陳年況味的共性，那是來自時光、物質、能量的體現，於陳年紅酒之間……。

陳年紅酒可見陳年韻味，在時光、物質、能量中見到藏酒引動的感知喚醒，同時在時序中找尋增值保健的認同。這就是藏陳年酒的韻味魅力。

陳年酒應有其市場地位，在市場具有獨特魅力，應透過良善溫度、濕度，讓酒越陳越好，締造陳年應有的市場經濟價值。陳年酒的滋味源起，在其所含單寧帶來不同化學變化的特性，經過氧化帶來「和實生物」的微妙剛柔，出入周旋，以相紅酒之濟也。那麼就明白陳年酒滋味就是「和」之味。老酒受到和實生物的思辨，驗證了實體陳年的物理性中，「和實生物」並非空穴來風。

「老」常常被視為過去，但是懂得尊重文明和時間就變成是珍惜，因為我們太恣意的把喝酒視為一種習慣、是日常生活物質一部分，因此喝了五大酒莊，一般人看到的只有表面價值，但代表的意義是什麼？

愛品酒的氛圍中應有提醒和喚醒，在陳年裡找到滋味的沉澱並且喚起感性的認知，如詩人會對酒吟詩作對。這樣的品飲讓你感動？為什麼1906 年份，由法國布根地Domaine Monthelie-Douhairet Porcheret 酒莊所生產一級園的酒Pommard 1ER Cru Les Chanlins有著非常完美的深磚紅色，開瓶後有著淡淡的乾燥花香氣，擁有深色果醬的風味：櫻桃、熟棗、草莓香氣交織，在杯中不停綻放……薄荷及其他辛香料味跟隨在後，優雅的醬味老酒香氣一直令人回味？至今已經超過了百年，她不孤寂反見和順溫柔。經過物換星移後依舊生存，平實自然，如是感動有其哲學意涵在，每個依照自己的生命經驗，品飲會有不同的體會！

有時間參與，以為時間是靜止被封存？但是忘了它是動態參與，它的動態參與要被感知，感知要有方法，就有持續性發酵一樣。1957年歐布里昂堡品其香氣非常的含蓄，在每一次搖晃酒杯的同時，總是能發現新的香氣。酒莊的風土環境給葡萄酒烙下了熏焦香味。在品嚐初期，其香味的含蓄，柔和的單寧，在口腔中，酒強勁後韻如湧泉餘味驚人持久。這種持久葡萄酒讓人神魂顛倒，原來她是由45%卡柏耐蘇維儂、37%梅洛、18%卡柏耐弗朗葡萄混釀的高明，一甲子歲月更見功力。

時間如此重要但我們都忘記它、甚至否定它或是不知道它。每一次文明的軌跡或再創造都是這樣來的。100年和一甲子的意義在哪裡？就透過味覺認識它。產生什麼樣的陳年韻味？西方的酒讓東方的味蕾有了新的啟蒙，西方葡萄酒對味蕾的豐富度已經達到人類文明的上乘之作。味蕾的體會可以小至今日三餐，也可以是文明的交鋒。味蕾在文明中的甦醒。酒的紀錄清晰，有時歲月也會有番激情滋味，一甲子的一級酒莊遇見四級酒莊可立分高下。

就以陶博堡（Château Talbot）為例，這是位於波爾多的聖朱利亞（Saint-Julien）產區，被列為四級酒莊。產區在吉隆特河口，而陶博堡是一片砂礫沖積層山丘，其酒乃手工採摘，葡萄品種：66%卡柏耐蘇維儂、26%梅洛、5%小維多、3%卡柏耐弗朗混釀在歲月中增長，四級酒更見豐質。1955年份老酒更讓時間促使單 醇化，品質「相生」形成太和！

品酒時，不少人不免耽溺於陳年實相的「多少年歲？」「價格為高？」的迷思，事實上陳年溫潤和諧，進入身體後讓「水」「火」交融，亦即「取坎填離」，讓身體的運化混合為一，這時全身舒鬆暢然。意識狀態中的清醒與放鬆非對立兩極。品酒不只能提神醒腦，又如何放鬆以致如入「大和」？

我曾遇見1934年份的日芙海．香柏罈（Gevrey-Chambertin）？此產區的葡萄酒有極深的酒色，紮實的單寧。陳年的香柏罈，帶有漂亮的寶石紅，擁有豐富的香氣的風味：充滿藍莓、黑櫻桃的精巧酸度，夾雜了玫瑰花與紫羅蘭的芬芳，轉變草本香氣。柔細酒體使人看見酒標模糊裡的清楚？酒重新感應時間的參與，為什麼味覺裡必須有時間的存在？收藏酒有味覺的味，陳酒打開醒後柔順，呈現所謂酒的中和！

共同感知，當中的綿密關係，原來，陳年有著青春的肉體。

品飲文化中，豐美的酒體象徵生命的起源，從葡萄園栽植的葡萄，採摘製造的工序，到主莊企業化的製造營運，百年來有系統找尋一件完整年紀，正副之間是態度。例如銷路甚廣的木桐卡德堡（Mouton Cadet）的出現，乃因為1943 天候不良，為此，木桐堡的莊主，菲利普．德．羅斯柴爾德男爵，為保持木桐堡酒的品質和聲譽，決定把庫藏1930年生產的酒作為副牌，以木桐卡德堡名義販售。Cadet在法文意指最小，菲利普男爵在兄弟姊妹中排行最小，自喻之意。

木桐卡德堡最初是為了幫助維持木桐堡葡萄酒的品質而建立的，從1950年代中期開始，木桐卡德堡成世界流行的平價波爾多葡萄酒，葡萄品種：84%梅洛、10%卡柏耐蘇維儂、6%卡柏耐弗朗。1943年副牌平價酒開　酒韻絕妙口感，甦醒沉睡的陳年就在時光隧道中穿引，陳年需要有一種模糊中的清醒，是建構在精密團實的理性基石。既為獨立個體又是交互相融的載體。

時間不斷往前同時，我們對過去是否會有不一樣的價值，時間參與在酒，時間參與在我們的生命裡。過去我們來不及參與；但現在我們參與了100年前的酒，我們可以從葡萄的土壤和蟲害觀察過去和現在的差別，生命依舊飽滿，現代人需要去思考的生命力。

Author

池宗憲
先生

乃國內著名的骨董、民藝及品茗的名家，著有相關的書籍數十種，由於精於美食與品茗，池先生對美酒的品賞也甚有心得，近年來對於古董的鑑賞頗受敬重，經常受邀至海內外藏家進行鑑賞。

美女與野獸

艱困年份的2013年
卡門・歐布昂堡

雷多明

卡門・歐布里昂堡（Château Les Carmes Haut-Brion），是一個多美的名詞，他勾起了人們對於波爾多葡萄酒歷史、傳統分級、風土、釀酒工藝、文化、傳承、古今建築、科技、美食、教育以及尊榮！

卡門・歐布里昂堡（下稱本堡）分享了著名的歐布里昂堡、歐布里昂教會堡、以及LavilleHaut-Brion and La Tour Haut-Brion的歷史。本酒莊本屬於彭達克（Pontac ,1488~1589）所擁有的歐布里昂酒莊的一部分，彭達克當時是波爾多議會的秘書，據說彭達克先生在101歲往生前，將酒莊所屬的一塊土地贈送給天主教卡門利特教派興建水磨坊之用，而後這塊土地遂成為卡門・歐布里昂葡萄園，因為這是由卡門教派的修士們所經營管理的葡萄園，修士們管理這塊葡萄園直至法國大革命為主。法國大革命後本園被充公拍賣，由一個波爾多的酒商柯林（Leon Colin）購得，而後和另外一個家族香德凱利（Chantecaille-Furt）共同經營直到二十一世紀。

2010年十月，本堡易主，賣給了波爾多大地產商皮切－皮切集團的總裁Patrice Pichethead，交易價格打破當時波爾多葡萄園的交易紀錄－每公頃售價達380萬歐元，總交易為1800萬歐元！

2013年2月，本堡的新東家展開了一個全新的整建計畫，酒莊與釀酒設備煥然一新，夙富盛名的建築設計師史塔克（Philippe Starck）被延聘設計釀酒設備，接待室以及酒窖。這個設計之細緻，包括了動力控制的酒窖，其原始的建築設計乃仿效一個飄浮在水上的船，你必須要經過一個小橋才能夠踏入酒堡，這個設計的構想乃源於象徵偉大的波爾多酒都是靠者船運，來航行到地球的四個角落，品酒室的設計則是以一個走廊，能俯覽本堡的全景，全部的整建工程趕在2015年份的收成前完成。總面積為28.8公頃的本堡共有25.5公頃園地種有葡萄。

然而必須特別注意的，其中僅有6.4公頃的葡萄是用來本堡佳釀。這些葡萄園區可以分成17個小園區，園中布滿碎石、沙土與黏土、參雜者若干石灰岩在內。由酒莊名稱得知，本堡距離大名鼎鼎的歐布里昂堡與歐布里昂教會堡不遠。

本堡園區的土壤結構十分複雜，靠近歐布里昂堡附近的土壤佈滿碎石。接近酒堡部分土壤夾雜者碎石黏土與各種石頭。本堡附近的土地則到處都是石灰石與黏土，在石灰岩下則是厚厚的黏土。

本堡的葡萄種類40%為卡柏耐．弗蘭，同比例的梅洛，以及20%的卡柏耐．索維儂。值得注意的是本園葡萄有較大比例是卡柏耐．弗蘭，這也是本園的歷史因素。

平均而言，葡萄樹齡為41歲，有些老的卡柏耐．弗蘭樹種可長達90歲之多，本堡使用此種葡萄比例之高，遠甚於左岸或本區其他酒莊。至於栽種的密度，則是典型的美多標準，每公頃栽種一萬棵，園區處於一個緩坡，最高的地點僅有32米之多，本堡佳釀會在27個不同桶子中發酵，這些桶子由不同材料所做成，有木頭、不銹鋼及水泥材質，酒桶的容量之大，酒莊按不同葡萄小產區分別釀製。在大桶內進行乳酸發酵，葡萄是進行整串發酵，近年來，本堡佳釀是將45%葡萄整串進行釀製，亦即這些葡萄是連者莖一同進去發酵，這可帶來更新鮮以及具有海水礦物石的味覺，整串沒有壓碎的連莖葡萄，一串一串地被鋪在橡木桶之內，乍看之下好像是千層蛋糕般。

本堡佳釀會在全新的法國橡木桶中醇化達18個月之久，另外會有5%的酒會存放在陶罐之中，這是負責釀酒的波題先生告訴我的，他正是這種手法從他在隆河地區釀酒的經驗中學來的。

本堡不是一個波爾多的級數酒，也從未企圖想要奪得「波爾多之寶」的美譽，在過去20年來，我不論是為了興趣或職業理由，多次拜訪波爾多地區，但我決定在2016年的11月特定前往本堡參訪，這是我首次的造訪。在釀酒師波題先生帶領我參觀整個酒莊及全新釀酒設備後，酒莊舉行的晚宴上，讓我大開了眼界，本堡的特殊性是在於過去是以小產量著稱，且在好年份有一流的品質，在困難的年份也能夠造出品質甚好的酒，隨者酒莊有新的投資，此新的設備能夠為未來的葡萄酒，提供最好的環境，而能達到本地區最高水準的酒質。所以無論天氣狀況如何本堡的佳釀都能夠保持在本地酒的水準之最。

本堡彷彿是個美人：其風土條件是有如三明治般界於歐布里昂堡、教會堡及克里門教皇堡（Pape-Clement）之間。出自於最有名望的法國建築師史塔克之手的全新建築物，實現了他的理想，而建築師阿西納亨利（Luc Arsène-Henri）所設計的酒窖，成為一個非常有效率的設備。釀酒師波提也具有充沛的釀酒知識，釀酒的工藝則是採行傳統的農業技術，自2009年始全部採取自然的栽種方式、完全有機、土地的使用以最高度尊重土地與環境的方式來進行。所有葡萄都用人工手摘，拖拉機則逐漸由馬匹來取代，特別是自從2012年開始，全部用整串葡萄含者少量莖進行發酵，產量也由2100公升遞增到8600公升，葡萄酒酒漿在木桶中會進行18個月到24個月的醇化，其中八成是新桶。至於各40%的卡柏耐．弗蘭，同比例的梅洛，以及20%的卡柏耐．索維儂，使得本堡佳釀與其他酒莊特別不同，這種比例能夠凸顯出卡柏耐．弗蘭的優雅與扎實口感、卡柏耐．索維儂的強勁力道以及梅洛的圓融，惡魔般的天氣終於在2013年份葡萄收成時到來，在20或30年前如果遭逢這種天氣，絕大多數的酒莊都會因為沒有今日的釀酒技術及科技水準，而放棄釀造當年份的葡萄酒，因此2013年對釀酒人而言，是一個嚴峻的考驗。首先，在春天葡萄開花時，卻遭逢雨季摧殘，造成了落花落果與發育不全的結果，同時大幅度感染黴菌。夏天是溫暖與乾燥，但在七月中卻來了一場暴風雨，強風颳走了許多果實。而較往年來的晚的成熟期，卻時有炙熱的陽光與下雨交叉，同時2013年又是一個最冷、最潮濕的一年，是四十年來所未見，這個壞天氣使得整個生長期都受到影響，造成產量大減，這種情形造成了所有波爾多酒廠的欠產，任何在2014年去拜訪波爾多酒莊的人都會發現：酒窖內的橡木桶，稀稀落落，不復從前之充實。

當我從酒莊的晚餐品嚐到這一個困難年份（2013年）的本堡佳釀時，我大吃一驚。誠然在我的職業生涯中，曾有機會品嚐在1855年被評為第一等級的偉大名酒以及許多年份的布根地，例如木希尼園或伏舊園等，年份甚至早到1900年。這些美酒的確令人震驚與迷人，也會使我永遠懷念。

但是現在這一場震驚，卻是完全的震驚：我已品嚐過的所有2013年份波爾多酒，但是本酒莊這個年份的酒卻是毫不與這個年份相關！本酒表現出其高度的深度與香氣的集中，同時夾雜者優雅與新鮮的氣息。這年份的酒聞起來有極為複雜香氣，入喉有深層的口感，其中有濃厚的水果香氣、味蕾之間可以感覺到丹寧與礦物質平衡的存在及溫和的酒精度（13度）、雅緻的酸度以及綿長的甜味餘韻。

這是我在品嚐2013年波爾多其他酒莊所無法獲得的深層與複雜度，本堡此年份的佳釀絕對具有陳年及令人欽羨其品質的能力。據我的理解，這是一個藝術之作，也是這一個小小珍貴葡萄園所能產生最好的酒，以及在其歷史中最值得重視的酒。

鑒於其特殊的風土及專家所費心使用的現代化的釀酒工藝，本酒已經達到其最高峰。只要生產者能夠付出時間、財力、理想、技術以及配合風土條件，便能夠使一款酒在非常困難年份依然成為偉大的好酒。本堡2013年份佳釀即是乎！

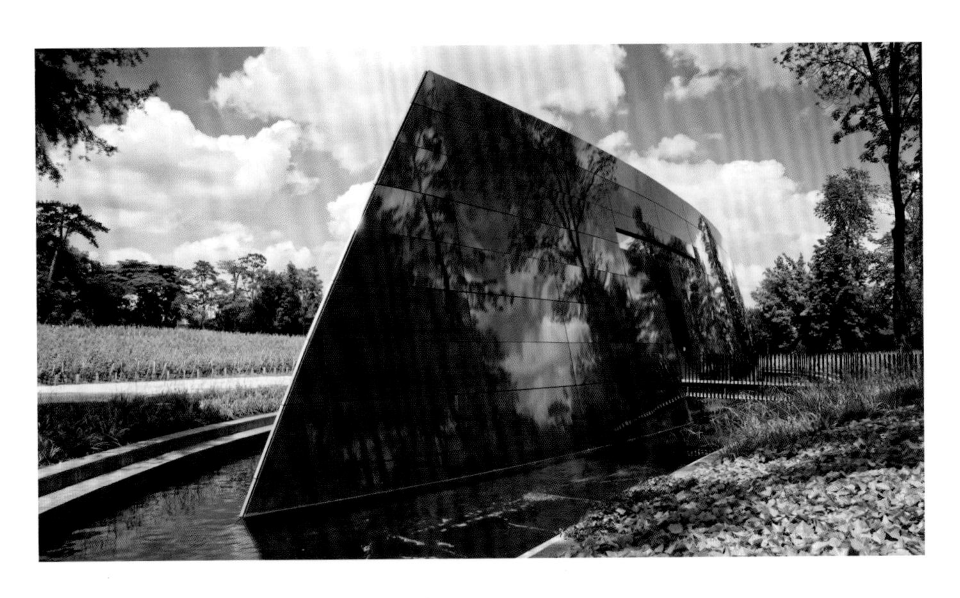

（本文是作者以英文寫成，由陳新民先生譯成中文，特此致謝！）

Author

雷多明
Dominique Levy

是旅居台灣達三十年的法國人，說的一口流利的中文，還能適時穿雜些台語，使人感到莫大的親切。當初是以學習中文為目的來到寶島，而後投身葡萄酒的推介與品賞，目前擔任台灣金醇葡萄酒公司資深顧問。雷先生公餘之暇，且熱心公益，籌組旅台法國僑民聯誼會並擔任會長達二十餘年，成為法國僑界領袖，法國政府頒贈新民兄法國農業騎士勳章同一典禮中，頒與其法國國家功勳騎士勳章（Chevalier dans l'ordre national du Mérite），以表彰其對於法國僑民服務及推廣法國葡萄酒的貢獻。

難得一見的

2014年份卡厚父子園的伊瑟索

侯大乾

在春天花兒綻放時節，華燈初上的晚餐時間，在台北市林森北路華國飯店旁小巷中的一家餐廳TUTTO BELLO，搖曳的燭光，餐桌上排列整齊的餐具與酒杯，坐滿了期待享用精美佳餚的客人，我帶著愉悅興奮的心情踏入餐廳，將前幾日預先在酒窖中穩定直立，預備今晚享用的紅酒交由餐廳侍酒師，當晚與會的好友們也剛好抵達餐廳，熟識的餐廳老闆Samson前來打招呼，當他看到晚上預備品飲的紅酒後，特地幫我們安排菜色以搭配紅酒，侍酒師為了我們今晚的布根地佳釀，精心準備了手工柏根第酒杯，另一旁的桌子上排列整齊的是今晚預備要品嚐的稀世珍釀~康帝酒莊2001年份的伊瑟索，2004年的李奇堡及1993年的拉塔希。還有特地自法國帶回的台灣少見的2014年份，由頂級酒莊卡厚父子園

（DomaineJACQUES CACHEUX ECHEZEAUX GRAND CRU）。

在上菜前由侍酒師先行開瓶倒入醒酒瓶醒酒，在醒酒瓶中慢慢的甦醒，準備展現他最美麗優雅的姿態。在品嚐開胃菜及搭配的Besserat de Bellefon（貝賽赫．貝豐）香檳後，開始慢慢進入重頭戲。當晚的布根地之夜是由兩名友人邀約，原是想好好欣賞的DRC的神祕之處，但卡厚父子園的伊瑟索，卻成為當晚最大的驚喜。

這一瓶2014年份的伊瑟索，開瓶後即飄散出玫瑰花香，入口單寧極為細緻，口中的酸度恰當好處的刺激味蕾生津，滑入喉中那殘留在口腔中的餘韻，令在場的好友們陶醉不已，鮮摘莓果與花香併發出夢幻般細緻香氣，當天由康帝酒莊釀造的伊瑟索，與這款由卡厚父子園的伊瑟索相比較後，竟然相輔相成不相上下，令在場的好友們大吃一驚，紛紛讚賞不已。

卡厚父子園，是在法國也甚少看見的精品型頂級酒莊，是法國布根地傳統的家族酒莊，在五十年代所創立，而該酒莊數個葡萄園都緊鄰康帝酒莊，在一九九四年傳承給兒子Patrice，Patrice在接手酒莊後，注重在葡萄園及釀酒方式並著手進行改革，逐步改為自然動力法耕作及釀造。

採收來自伊瑟索頂級酒園內四個不同的微氣候區塊的葡萄，平均有三十五年樹齡，採用部份的自然動力法，包括不使用化學藥劑，任由雜草生長吸收上層的土壤養分，迫使葡萄樹垂直向下扎根，以獲得更多土壤的養份，也得到更深層的土壤風味。

莊主Patrice在釀酒方面採用與布根地傳奇大師亨利．佳葉（Henri Jayer）相同的作法，將葡萄全部去梗，再低溫浸皮七天，只使用天然酵母發酵，發酵8-10天，發酵完成後，經過十天的沉澱，除去較大的雜質後再放入橡木桶，這款特級園採用100%高度烘培的全新像木桶，經過十八個月的橡木桶陳放，不過濾.不澄清，直接裝瓶，保有自然純淨的特性，風格精緻典雅，將伊瑟索充滿細緻花香的特性表露無疑，一邊享用晚餐手中拿著酒杯，卻彷彿置身英式庭院中的玫瑰花叢旁，穿著華麗的仕女，正在庭院中悠閒的享用著下午茶，品嚐莓果塔的莓果香氣與酸甜感，午後的微風徐徐，帶來一絲薄荷的清涼感。

這一張難得的照片：作者2016年8月底有一趟布根地酒莊之旅，不料在柏恩市旅館巧遇大法官新民兄，在飯店餐廳小酌，酒單上居然有康帝酒莊的寇東酒。這是一瓶大名鼎鼎的酒，康帝酒莊除了自家擁有的「七大天王酒」外，其實還有「八大」——2008年起由租來的2.2公頃園區所釀製的頂級寇東酒，由於面積甚小，比康帝「七大」中的「六大」紅酒最少者，康帝1.8公頃稍多，比第二小的大依瑟索（3.5公頃）差距甚多，因此，年產量甚低，都在3000瓶（例如2012年的2907瓶）至5000瓶（如2010年的5219瓶及2013年的5686瓶），比康帝酒還要難尋。作者與新民兄都緣吝一見，遑論品嚐!作者為紀念此「雙重」巧遇，遂點開此瓶，留下此張珍貴的紀錄。圖中後右女士為李筱娜，本書第41篇作者，後左為本人法蘭克頂級紅酒典藏中心的同事官佩蓉女士。

Author

侯大乾
David

是台灣最早經營世界各國頂級美酒的法蘭克葡萄酒典藏中心的主人，多年來由法蘭克引進與介紹給台灣美酒界許多連國外酒窖都難得一見的珍品，造福酒友甚鉅。作者為人慷慨熱情，經常不吝與朋友分享最新的葡萄酒資訊，同時不僅對美酒美食研究甚深，本身也是著名的收藏家，故養成第一流的鑑賞能力，舉手投足都散發出高雅的貴族氣息，頗似藝術界人士。

我最難忘的一次品酒會

2013年義大利匡特奈理酒莊之旅

屈享平

最難忘的一瓶酒？嚴格來說應該是最難忘的一次品飲經驗！那是2013年義北的匡特奈理（Quintarelli）酒莊之行，一系列的品飲，酒的香氣與口感早已不復記憶，留下的卻是那屬於酒本身的氣度，那種純粹的恢宏與莊嚴。

隻身駕車於義大利北部Veneto的Negrar丘陵，傳奇匡特奈理酒莊不算好找，最後是靠Tommasi老闆Franco的好心領路，才來到那隱身小路盡頭的低調酒莊。老莊主吉賽沛．匡特奈理（Giuseppe Quintarelli）是酒界公認的「維內多大師」，他的阿瑪龍酒（Amarone）集傳統與經典於一身，精采絕倫。葡萄酒這件事難免主觀，但從沒酒友說哪家的阿瑪龍酒能勝過匡特奈理。

走訪酒莊之時，吉賽沛．匡特奈理已逝世年餘，負責引導的是格理哥里（Francesco Grigoli）先生，他是吉賽沛．匡特奈理女兒弗羅倫薩（Fiorenza）的大兒子，也是現在家業的重要支柱之一。他與父母及兄弟共四人，現在算是頂起匡特奈理這塊招牌，而這塊招牌，就算好不容易找到酒莊所在，它卻始終只能虛懸於酒友心中－因為這清幽小莊連門都沒有，遑論招牌。

這篇文字不是要介紹匡特奈理，也不是要介紹它的酒款，事實上酒莊自己都沒有這樣的文字。這酒莊甚至傳統到沒有自己的網頁，吃什麼土、吹什麼風、用什麼桶，網路海海文章，你會發現幾乎都是別人說，沒有哪篇是他們自己講。我準備了許多想問的問題，希望能在酒莊獲得更多答案，結果我沒成功，但卻一點也不在乎那些未被解答的疑惑。

我失敗，不代表入寶山空手而回。相反的，在匡特奈理品酒是件很奇妙的事，它會讓你覺得那些釀造技術一點也不重要，那些技術問題在酒的面前，應該說在一件大師的作品面前，似乎沒有存在的價值－那是一次畢生難忘的品飲經驗，我不曾一次地向酒友們提起，如今，我將再次陷入回憶。

我約莫是在秋初的一個下午時分拜訪酒莊，隨著格理哥里在曲折的酒窖中前進，裡面空間不大，一路不見什麼新式設備，倒是許多由鐵絲格成的大箱內，橫豎躺著家族成員的儲酒，算是辛勤多年的私藏吧，我內心暗忖著。幾步路後，小而昏暗的試酒室出現在通道盡頭，格理哥里打開蒼黃的電燈，眼前現出一張橡木桌，幾張椅子整齊地分列在旁，桌明椅淨，桌上一本留住歲月的訪客簿，還有一只收藏歷年手繪酒標的三孔活頁夾。格理哥里將酒備好，一人一個杯子，用的是最普通不過的傳統酒杯，沒有寒喧，也沒有簡介，他倒了一點酒，簡單地說了一下酒款，然後就很認真地看著我，自此一片謐靜，空氣瞬間凝結。

小小的地下室總共只有兩個人，喝了酒，好像應該需要說些什麼，至少準備好的問題，也該一股腦兒地丟出。但是那酒入口後的純粹，令謐靜轉為冥想，言語似乎為一種隨之而來的安定所壓抑，千思萬緒此刻竟是無言。隨著酒的質量愈來愈重，從Valpolicella漸次上升，等到阿瑪龍入喉時，我已直接被酒的恢宏與莊嚴所震懾。雖說描述香氣與口感是品酒必須的訓練，不過那僅是方便寫作與答卷，很少有一款酒能讓你直接感受古典的美，讓你臣服於傳統的莊嚴，那不是外顯於形的陽剛，而是發散自內的雄渾氣焰。

或許是氛圍，或許是緣於酒的本身，小房間內一款深邃的阿瑪龍酒，頓時令我身處挑高十丈的宮殿。那一次在匡特奈理的品飲，格理哥里沒有說明什麼，也沒有解答什麼，許久的寂靜後，他問我Alzero如何，我很誠懇地表達我的疑慮。這位穿著樸實的年輕人，人像酒莊般低調，我很意外他知道台灣，他甚至說他來過台灣。我懷疑，但當他說他從花蓮一路往北玩到基隆時，我這輩子從沒聽過任何酒莊的人可以主動說出「花蓮」與「基隆」這兩個地名。當然，他來台灣時，酒界沒人知道，行程也與酒莊或代理商無關，一切都非常的匡特奈理：從來沒什麼說明，從來也沒什麼推廣，就像那一張張手寫的酒標，一切不是從簡，而是從以前就是如此地原汁原味。

品飲完許許多多酒，格理哥里並沒有將剩餘的酒倒掉，而是逐一地收集起來，再分別倒回去。在匡特奈理試酒，沒有吐酒這回事，沒有吐酒桶、也不能把酒吐在地上，這是緣於吉賽沛・匡特奈理先生對酒的尊重。格理哥里處理完剩酒後，再仔細地清理桌面，杯子與酒瓶像是法器與聖物，莊嚴的儀式後一一歸位，每個動作都滿懷著虔誠與敬畏。我試過許多酒，從來沒感受過如此的儀典。而我們兩個人，一個小房間，沒有對酒的夸夸而談，沒有對人的臧否褒貶。格理哥里翻著那厚厚一本的手繪酒標，輕聲說起酒莊各個酒款的歷史，他從不否認匡特奈理是間非常傳統的酒莊，但卻是率先在當地栽植國際品種，還曾嘗試將一向作為混調的Molinara單獨裝瓶。

步出小房間，耳中傳來的是撞針式印表機的工作聲，酒莊時空彷彿仍停留在過去。不過，酒莊當時正在擴建，算是吉賽沛・匡特奈理先生過世後的重新出發。好客的老太太親自開車送我下山，正遇到前來施工的十輪水泥車。義大利人也真是天才，這麼大一台車就直接開上蜿蜒的產業道路，結果山上路太彎，車子轉不過去，往後也無處可退，一台車就直挺挺地卡在路中。老太太不說英文，但是義大利文碎碎唸的本領，讓格理哥里在旁大笑不已。

如今的匡特奈理已擴建完畢，聽說試飲間已移至新酒窖，擺設展示都有簡單規畫，下一代經營者偶爾也會出現在鏡頭前，原來那靜謐的小房間應該是不太對外開放了吧？裡面那陳放數十年的簽名簿裡，有著三兩個來自台灣的熟悉名字，很難想像這些朋友在同樣的小房間中，當時是如何感受那些好酒。不過酒莊雖然更新，一切仍是一樣，沒有網頁，沒有宣傳，更沒有推廣。不過不要認吉賽沛．匡特奈理先生是位離群索居的大師，他曾無私地將酒的一切，傳給門生、徒弟，甚至鄰居，就像酒界許多先進，總是願意分享文字與美酒，創造、豐富後輩們的經驗。

Author

屈享平
HP Chu

早年在報紙擔任記者，報導美酒美食著名，轉赴葡萄酒專業雜誌，其間經常對葡萄酒的知識、市場與品賞，發展許多文章，成為酒界最有影響力的人物。屈先生由於擔任媒體記者與編輯出身，文字素養及情境描寫功夫一流，因此文章有如行雲流水，頗受歡迎。目前任職某廣播公司。

印象中最深刻的一款酒

義大利西西里島的「風之子」甜酒

陳麗美

朋友知道我很喜歡義大利皮蒙特（Piemonte）出產的巴巴瑞斯可（Barbaresco）酒款，喜歡她細緻的花香和綿長的餘韻，經常開一瓶花上4小時慢慢品嚐她散發出來迷人的紫羅蘭香、櫻桃味、薄荷、巧克力和菸草味。然而，要我分享記憶最深刻的一款酒時，第一時間腦海裡浮現出來的竟是來自義大利西西里島西南邊潘特尼亞（Pantelleria）離島的「風之子」（Ben Ryé）甜酒，我曾在2009年造訪（Donnafugata）在那兒的葡萄園和酒窖的美好記憶全回來了。

為何她讓我如此地記憶深刻呢？猶記得那年春天搭著小飛機由西西里島飛往潘特尼亞島，出發前還因為風太大而從特拉帕尼（Trapani）機場改由巴勒摩（Palermo）機場起飛。經過一路側風巔跛且偶遇亂流的飛行，心中的焦慮不安終於在飛機劇烈晃動，順利降落的那一刻得到紓解，此刻飛機裡的少數遊客，也不免俗地都跟著義大利人起身鼓掌歡呼，這群經常往返離島居民樂天知命的生活態度，著實讓我印象深刻。

潘特尼亞島是位於西西里島和北非突尼西亞間的一個火山島（甚至更接近突尼西亞，距離僅70公里），島上有充足的日曬與刮著強勁的風，因此葡萄藤都必須栽植及進化到足以抵擋酷熱的日曬（葡萄長在枝葉所覆蓋的凹洞避免過度日曬，並藉由島上日夜溫差大所產生的露水汲取水分）與強風吹襲（高度僅及膝）。壯碩的枝幹經過在皮亞琴察（Piacenza）大學講授葡萄栽植學的著名專家Mario Fregoni對某些葡萄樹的根莖進行研究分析後，確認其樹齡已超過100年。他沒有發現任何稼接葡萄樹後所形成的傷口癒合組織或傷疤，這顯示了葡萄根瘤芽蟲害並沒有侵蝕到潘特尼亞島的葡萄藤。

名為亞歷山大麝香葡萄（Zibibbo, Moscatod'Alessandria）樹比稼接過的葡萄樹更健康，生命力更旺盛，且具有釀酒葡萄所有的優點，對乾旱、石灰石、和鹽的抵抗力很強，出產的葡萄也特別好。因樹齡長的樹幹儲存糖分的能力強，其透過新枝傳輸到葡萄內後，使葡萄的香氣和口感十分飽滿。加上多娜佳塔酒莊堅持量少質精的栽植堅持，每根樹枝上留1-2個芽，每株平均6-10個芽，力求釀造出一款饒富變化而且優雅的甜酒。

Ben Ryé這個名字源自阿拉伯文，意思是「風的兒子」，以100% Zibibbo葡萄品種釀造而成。因潘特尼亞島終年吹著風，葡萄採收後，經由自然日曬及風乾所造就的豐富香氣，濃郁到彷彿觸手可及。每年選用島上不同區域、不同時間成熟採收的葡萄釀製。先採收的葡萄經由自然日曬及風乾後，與較晚熟成的葡萄採收後所壓榨的新鮮葡萄汁一起浸泡。在發酵期間，風乾的葡萄會以人工去梗，分成數次加入發酵中的葡萄酒液。這個繁複的釀造程序將使酒款在新鮮度、酸度、甜度或香氣上更加平衡與穠纖合度。發酵好的酒液續於不銹鋼桶中陳釀7個月，瓶陳至少12個月後甫上市。

讓我愛不釋手的這款Ben Ryé甜酒最大的特色是非常爽口，擁有淡淡的果酸以及濃郁複雜的糖漬柑橘、無花果、橙花的香氣。細緻柔順的口感，搭配巧克力或是杏仁塔是我最喜歡的組合，甜美卻不膩口，濃濃的堅果挾帶著可可香餘味，永遠都是享受佳餚之後，最完美的Ending。

Ben Ryè甜酒是土壤、地形、氣候及辛勤勞動所結合的產物。總是帶給我幸福的好滋味，藉由此篇短文和大家分享我最喜歡也是參訪過印象最深刻的百大名酒。

潘特尼亞島上高度僅及膝的獨特Zibibbo葡萄老藤。

潘特尼亞島丘陵上臨海的葡萄園。

Author

陳麗美
小姐

是國內專門進口義大利食品的權威。出於內心對義大利文化的喜愛，不僅遍訪義大利各產酒區，橄欖油、陳醋與乳酪的產地，以為國人引進第一流食材。還不時邀請好友組團赴義大利名勝古蹟遊覽，並賞美食美酒，其在大直明水路上的越昇國際公司內陳列數以百種的義大利名酒、咖啡、橄欖油、陳醋及通心粉等，是美食愛好者的美食天堂。在葡萄酒的領域內，義大利酒算是冷門，一般酒商都係以法國酒為大宗，點綴少數義大利酒，也完全是為了銷售利潤考量。陳小姐能為理想奮鬥二十年，令人為了欽敬！

1981年份的格蘭傑驕傲。果然氣宇軒昂、品味不凡，光由名家所作的水晶酒瓶，即可知果然是格蘭傑酒莊驕傲中的驕傲

令我感動萬分的絕品威士忌

1981年份的蘇格蘭的「格蘭傑驕傲」威士忌

姚和成

成立於西元1843年的格蘭傑蒸餾廠（Glenmorangie）是蘇格蘭最老的酒廠之一，酒廠的名字來自於十八世紀初期的一間農場蒸餾廠Morangie，就位於今日酒廠附近。酒廠除了在英國本地銷售，早在十九世紀末期就曾出口威士忌到義大利與美國等地。到了西元1918年，這間酒廠易手，轉為生產老牌調和威士忌Highland Queen的主要基酒，直到1980年代才又變回以單一麥芽威士忌為主要銷售產品的威士忌蒸餾廠。

有在品飲蘇格蘭威士忌的人都知道，其實二十世紀堪稱是調和威士忌獨佔的年代，蘇格蘭生產的威士忌有百分之九十九都以調和威士忌裝瓶，僅有大約百分之一以單一麥芽威士忌銷售。最早進入單一麥芽威士忌市場的是格蘭菲迪（Glenfiddich），格蘭傑雖然稍遲，但也在1980年代就加入單一麥芽威士忌的戰場，所以在今日能夠佔據全世界單一麥芽威士忌前五名的地位。

有別於台灣人熟悉偏好的重雪莉類型威士忌，由於格蘭傑蒸餾廠具有蘇格蘭最瘦長的蒸餾器，蒸餾出的新酒相當細緻芳香而具有層次，這類型威士忌在使用雪莉桶陳年時較易被掩蓋掉酒廠自己的特色，因此格蘭傑最擅長的酒款都是以波本桶陳年的各項產品。格蘭傑酒廠是研究美國橡木桶的先驅，它深入美國白橡木生長的各個地點，研究各地橡木生長造成的差異對於威士忌熟成的影響，並且深入了解製桶工藝對於威士忌影響的變化。經過這些研究，最後讓他們選擇從源頭控制，不像一般蒸餾廠僅被動採購美國蒸餾廠使用過的波本桶，格蘭傑是嚴選生長在美國肯塔基州歐札克（Ozark）山區山陰面緩慢生長的百年橡木來製桶。

這些材質緊密的橡木在裁切後，要放置戶外熟成四年以改變木質，之後才以輕燒烤重烘培的方式借給田納西州的傑克丹尼爾威士忌蒸餾廠使用四年，最終才回到蘇格蘭用以熟成格蘭傑的新酒。這樣獨特而嚴謹的選桶過程，讓格蘭傑威士忌具有他廠罕見的層次感與豐富的香氣。而這些以設計師酒桶陳年的威士忌不僅成為核心款格蘭傑10年Origin的重要基酒，也單獨裝瓶為Astar特別款，讓消費者一探究竟。

格蘭傑另外讓老饕們津津樂道的一點，就是他們領先業界的過桶技術（Wood Finish）。所謂的過桶產品，是將原本儲存於波本桶陳年的威士忌轉移到其他橡木桶以增添風味，最常見而不敗的做法是轉換到雪莉桶。但是格蘭傑率先實驗其他葡萄酒桶的可能性，舉凡波特桶（Port）、曼德拉桶（Madeira）、蘇玳桶（Sauternes）等偏甜的產品，進而各式紅酒桶都加入戰局（Maguaex, Hermitage, Beaune），這些過往的實驗性產品，最終都落實成為後來格蘭傑膾炙人口的核心風味桶產品。

今日格蘭傑已經成為蘇格蘭單一麥芽威士忌相當代表而知名的酒款，隱藏於背後的功臣就是台灣威士忌老饕們熟悉而喜愛的比爾博士（Dr. Bill Lumsden）。比爾博士是一位相當風趣卻又熟悉所有業界秘辛的調酒大師，他一年來台灣兩次，認識所有威士忌界的瘋狂粉絲，他對朋友非常真誠，總是認真解答酒友們稀奇古怪的各種技術問題。比爾博士對於威士忌有著無盡探索的熱情，他手裡有著無數天馬行空的實驗計畫進行中，有些成功，有些失敗；有些就算表現很棒的作品他都不見得全部裝瓶推出，總是會留下幾桶推到極致看看表現。

個人在品嚐比爾博士的各項過桶產品中，印象最深刻的是蘇玳桶過桶產品，這款產品最早在2002年推出，是以1981年蒸餾的格蘭傑過桶到狄康堡（Ch. d'Yquem）酒桶兩年的產品。格蘭傑是第一個嘗試法國甜白酒過桶的蘇格蘭威士忌蒸餾廠，使用蘇玳桶過桶的產品除了傳統常見的柑橘麥芽風味之外，會出現很特別的堅果味，除了純飲之外也相當適合搭配白肉或是乳酪飲用。這支特別款的成功也讓比爾博士得以採購大量蘇玳酒桶在兩年後推出另一款15年的Sauternes Finish免稅店特別款，以及今日核心酒款的12年Nectar D'Or。

有趣的是，當初比爾博士首次推出1981 Sauternes Finish的時候並沒有將那些實驗性產品全部用完，由於業界從來沒有人使用法國甜白酒橡木桶進行過桶的熟成，縱然他認為兩年過桶已經足以賦予格蘭傑威士忌不同面向的表現，他還是偷偷留存了六桶做實驗，觀察這些酒桶一年年的變化，並且忠實記錄下來，本來並不抱任何希望的比爾博士發現這些在狄康堡酒桶熟成的產品經過長時間熟成後，所出現的變化反而更為細緻而漂亮，也因此到了2010年酒廠希望比爾博士推出一款代表酒廠的頂級產品時，比爾博士第一個想到的就是他特別留下來的這六桶蘇玳桶過桶產品，也因此成就了比爾博士的代表旗艦作品－格蘭傑的驕傲（Glenmorangie Pride）！

第一代的格蘭傑的驕傲，其實只有28年的酒齡，包含我在內的許多威士忌愛酒人士在一開始聽到這項產品的時候都覺得頗不可思議，這款酒符合所有高價酒的標準：比爾博士精選的酒桶；使用最知名法國甜白酒橡木桶陳年；法國老牌水晶瓶製造商Baccarat期下著名設計師蘿倫柏拉班（Laurence Brabant）的創作瓶身；以及荷蘭設計師屋特薛林（WouterScheublin）所構思的機關木盒，但是唯一沒有符合市場預期的就是一般出現在頂級旗艦酒款的高酒齡。

我在2011年這款酒的台灣上市晚宴中也很直接的跟老朋友比爾博士問了這件事，他也很直接地說：是的，他可以再等個一年多讓酒陳年到三十年再裝瓶，這樣更符合市場的預期，但是其實這批酒本來有八桶，有一桶酒漏酒幾乎沒剩下任何酒，有一桶其實已經過熟，不符合他的期待，剩下這六桶他認為處於巔峰狀態，在這個情況下，他寧可不符合行銷預期想法而堅持在這時候裝瓶，因為這是他的驕傲之作（Pride）！

其實當下我是非常感動的，因為這就是我認識的比爾博士，這就是身為一個酒廠調酒師的驕傲，我賣的不是誰都可以做的酒齡，我拿出來的是我的寶貝，是我的驕傲！

有幸能夠品飲這款限量一千瓶的1981年份格蘭傑的驕傲，並且留下我當初的品飲紀錄如下，這是足以代表單一麥芽威士忌的一款稀世珍釀！

品飲紀錄；琥珀色而偏粗的淚腳，偏水性。聞香有著濃郁的麥芽香甜，並且透出清楚的柑橘調性，許多硫磺、堅果與杏仁，還是有很清楚的香草甜味。入口屬於中等酒體，相當強烈而有力，口感還是感覺到清楚的硫磺與堅果味，相當包覆。尾韻相當長而繚繞，許多太妃糖甜味，非常有力。；總體來說這支酒比較像是雪莉桶陳年酒款，但是有更多葡萄酒的聯想，加入幾滴水稀釋後出現較多太妃糖與巧克力味，口感也更偏輕，但是喝起來還是非常愉悅而豐富！非常複雜而具有層次感！

後記：「格蘭傑的驕傲」在這款1981之後又兩款後繼版本問世，分別是酒齡34年的1978與酒齡41年的1974。前者使用法國一級酒莊紅酒桶換桶處理，限量700支；後者回歸傳統調和工藝，限量503瓶！

Author

姚和成 先生

筆名Kingfisher，可見得作者似乎喜歡花色斑爛，飛翔在水塘湖畔、覓食小魚的魚狗也。畢業於台大化學系，而後加入家庭經營之進口化學原物料之事業，目前擔任嘉馥貿易有限公司與馥壽化學有限公司 總經理，發揮所學所長。

除了化學原料的事業為本業，並且獲得耀眼成果外；作者更是國內品鑑威士忌的權威，尤其是珍稀的調和或單一麥芽威士忌，無不如數家珍，亦是國際知名品飲團體「麥芽狂人俱樂部」（Malt Maniacs）台灣唯一成員，且獲得蘇格蘭頒給推廣威士忌有功人士的「雙耳小酒杯執持者（Keeper of the Quaich）」的頭銜，其關於威士忌的著作，例如：《威士忌全書》（2007）、《麥可傑克森麥芽威士忌品飲事典》（第6版，2011），都是研究與品賞蘇格蘭威士忌必備的寶典。

那一刻 我彷彿進入滿山菌菇的秘境深山裡

2004年份法國樂花酒莊馮．羅曼尼

徐培芬

我記得剛開始與葡萄酒結下不解之緣是從2010年的冬天開始，那時的我還是個翱翔天際飛遍世界的空服員，在飛行旅途中的偶然機緣下，品嚐了印象中人生的第一口紅葡萄酒。

也許是第一次喝紅酒，不太能適應酒中的酸澀感，但隨著時間的催化，慢慢酒質也變得果香四溢、柔順可口。現在司空見慣的風味轉變，對於當時的我，卻是如同發現新桃花源般的驚喜！

回到國內後，對於曾經在舌尖上的觸動，仍是念念不忘。好奇心、加上蠢蠢欲動的求知慾，讓我開始搜尋可以學習葡萄酒知識的任何管道。

當時的我也沒想到，就是這樣的執念和決定，改變了往後10年的人生。後來的我不僅是個葡萄酒愛好者，也慢慢投身於教育推廣的行列，以往平靜美好歲月所編成的人生劇本，彷彿有了好大的急轉彎。

在前輩的引領下，我在葡萄酒浩瀚、無窮無盡的知識中努力探索。當學習的越多時，我更懂得謙卑和內斂。因為這時候才會發現，在遼闊的葡萄酒領域裡，自己有多渺小，這也是從身邊的幾位大師中學習到的態度。在求知的道路上我並不是天生好手，也是靠著後天的努力和訓練才層層堆疊起記憶的金字塔。記得在剛開始學習時，對於教科書上所提到的葡萄酒會具有那種皮革、礦石、花蜜等種種香氣，仍是讀起來是一套，但我怎麼聞了又聞葡萄酒後，仍是滿臉問號。

這情形直到我遇到法國布根地樂花酒莊（Leroy）所釀製的2004年份馮．羅曼尼（ Vosne-Romanee 2004）才改變。彷彿打通了任督二脈一樣，書本上所提及的味道鮮活地表現出來了。清透紅寶石色的酒體，帶出了熱帶水果茶和柑橘類香氣的清新純淨，草莓，滿滿紫羅蘭花海和淡雅的花蜜，讓我在一開瓶時，就把這支酒的香氣清楚地刻在腦海裡。之後一小時的轉變，就如同走進滿山菌菇的深山裡，素雅低調的皮革和泥土味道，讓這支酒更加立體，當下的我是震撼和感動，震撼的是原來葡萄酒可以如此多變和多層次，感動的是它竟是如此美麗和從容。美味的記憶便從此烙印在心中。

隨著品飲經驗越來越多，喝過的好酒自然多不可數，但我永遠忘不了第一支讓我感動的酒，就像初戀情人一樣永遠是最美好的記憶。

松露圖。

其實2004那年對於布根地不是一個好年份，葡萄成熟狀況很不理想，很多酒莊都選擇降級來維持自家酒莊的品質，對於一向要求完美的樂花拉魯女士（LalouBize-Leroy）更是如此，而2004對於她來說更是雪上加霜，那一年她的先生離世。也許是過度悲傷而無暇專心於酒莊管理，也許是當年的品質達不到拉魯女士的標準，因此拉魯女士便將採自李奇堡、羅曼尼聖維安及兩個小園區（Genaivrieres及Beaumonts）的不同地塊葡萄，混釀而成。也因此將馮．羅曼尼由一級園降級，成為村莊級。

回憶起當時喝這瓶酒的感覺，或許是已經知道這個年份背後的故事，心中更是百感交集。曾經問過一位資深的拍賣官如何判別一件偉大的藝術品和一般庸俗之作，他回答說一件雋永的藝術品會讓鑑賞者投射到自己，想到你自己人生的某個片段。

當時喝這支樂花酒時令我想起了一路從無到有的學習過程，中間的歷練和有捨有得，有歡喜也有犧牲，喝著葡萄酒，想起了自己的人生。

我覺得葡萄酒像是液體的藝術品，在感官享受上它可以略過專業人士的註解和品析，直接和品飲者對話，透過香氣和口感表達自己，傳遞美味的訊息，有時酒評家過多的詮釋反而會阻隔了品飲的樂趣，就如同過多的電影評論未必能帶來觀看者的感動和樂趣，一部精彩的電影或一杯好酒它能適時地詮釋自身。

人們常說莫忘初衷，那究竟初衷是什麼？對我而言，我的初衷就是探索更美好的自己，在有限的生命裡挖掘更多的潛能與熱情，期待未來的我能比現在正在打字的我更美好燦爛。

Author

徐培芬 Vivian

曾在華航擔任人人稱羨的空姐多年，遊遍世界各地，看盡無數美景與品嚐各種美食後，決定由空中走到地面，探索美酒世界。由於為人熱誠、體諒，使她成為輝宏葡萄酒圈內最活躍、也最受人歡迎的人物。現專任葡萄酒的講座與推廣活動。

一段生命旅程的回憶

1999年份澳洲耶林驛站酒

趙元才

全世界目前可考的人工栽培葡萄，起源於東歐喬治亞共和國的高加索山區，距今有七、八千年歷史。而鄰近喬治亞的亞美尼亞共和國，則出土了距今五千年，現存世界上最古老的葡萄酒釀酒坊。這個人類文明史上發源最早的飲料讓人覺得不可思議的是，它到現在還不斷的在演變進化，變得更廣闊、更深奧、更多元也更具魅力；而更令人驚訝的是它既可以是一瓶一美元的路邊平民飲料，也可能是數百數千美元一瓶，令人望之興嘆屬於菁英貴族的瓊漿玉汁。但不管便宜也好，奢華也罷，當我們啜飲了第一口葡萄美酒時，就註定要栽入這個廣闊浩翰的葡萄酒美麗人生了。

每個愛好葡萄酒的人，對於葡萄酒的追尋都不盡相同，有人愛紅酒、有人愛白酒、也有人喝酒只在乎價格；浪漫的人特愛喝香檳，女人通常比男人愛甜酒，更有些人獨鍾布根地，像拿破崙就非香柏罈（Chambertin）不喝。雖說酒海無涯，但假以時日，經過不斷的品嚐，每個人要找到自己鍾愛、驚豔且印象深刻的葡萄酒並不難。但是如果要找出一瓶難忘的葡萄酒，那就真是要費盡思量了。

我住在在西螺，平日能有三五好友小聚，精緻的品酒增添了許多生活樂趣。第一次令人驚艷美好的品酒，距今已有十多年之遙。那一次是慈愛醫院（今雲基醫院）楊副院長，邀鎮長及我三人共品葡萄好酒。副院長帶來兩瓶有意思的酒，一瓶是1992年份木桐堡，另一瓶是同年份騎士園（Domaine de Chevalier）兩瓶酒平行品飲。猶記得那天因甫過中秋，天氣涼爽明月高掛，諾大的草皮上涼風徐徐，我們三人細細品飲，既品酒也清談人生。此兩瓶酒都已開瓶醒酒一小時以上，就香氣而言，木桐堡突出的果香及典雅濃郁的橡木桶味，顯然佔了上風，但是入口之後，情況有了改變。木桐堡當然具備了頂級酒莊的架勢，但是騎士園卻像極了輕盈的精靈，從微含入口到舒暢進喉，清爽豐富的層次及優雅均衡的整體感都明顯比木桐堡要更勝一籌；而最後纖細上揚的尾韻，就像餘音繞樑般，讓人充滿了想像與期待。兩者相較，就好像華麗沉穩稍顯富態的貴婦與淡雅俏皮聰慧的少婦對比一般，令人難忘。那次的驚艷印象，直至今日仍深刻存於腦海中。

如果說有哪一款是至今難忘，最值得紀念的酒，那一定非澳洲亞拉河谷（Yarra Valley）耶林驛站（Yering Station） 酒莊1999年份珍藏級卡柏納蘇維農酒（Cabernet Sauvignon Reserve Magnum） 莫屬。

耶林驛站酒莊歷史久遠，早在1838年就有蘇格蘭移民的後裔在此種植葡萄，更曾在1889年巴黎萬國博覽會獲得大獎，現在整個莊園種有葡萄110公頃，是澳洲頗富盛名酒莊之一。此酒是2007年我與內人美慧到墨爾本旅遊時所購。該次乃受邀探訪老友王浩東及梁偉芬夫婦，當時正值我最熱衷於釀造葡萄酒之時，既知從墨爾本到亞拉河谷葡萄酒產區僅約一小時車程，自然不能錯過探訪寶山的機會。

耶林驛站酒莊是我們參觀的第二家酒莊，也是中午用餐之處。酒莊的新建築前衛且極藝術化，前庭大弧線的屋簷與極簡水池的協調搭配，是最引人注目的焦點；進入餐廳，湛藍天空、翠綠葡萄園，在餐廳落地窗前直入眼簾，美酒、美食，美景當前又有好友相伴，在此用餐真是心曠神怡，無酒也醉。餐後試酒，特別挑了此種兩瓶裝耶林驛站酒莊的1999年分珍藏級卡柏納蘇維儂酒，作為澳洲旅行的紀念酒。

2008年9月中，我與內人美慧在斗六一間名為摩爾餐廳用餐，餐中與摩爾主人——曾留學德國的李松根博士閒聊，聊到年近半百，聊到生死無常，因美慧與松根同為1958年生，生日又都在11月，或許是酒後興緻高昂吧，當下兩人就決定一起辦個「百歲生日趴」，共同為沉悶的日子和已走過的半個世紀留下些絢麗回憶。一個好玩有趣的生日趴需要準備的事情不少，時間已訂，地點當然在摩爾餐廳，菜色由壽星兩人決定，酒的安排，當然非我莫屬了。挑選的兩款餐酒，其一是LA CUVEE MYTHIQUE，另一款已記不清了，重點是，還要準備一款讓人回味難忘的壓軸好酒，以饗懂酒的老饕們享用，也為「百歲生日趴」畫下完美句點。幾經考慮，決定由饒富紀念性此款耶林驛站擔綱。此酒乃該酒莊在1999年，由特定卡柏納蘇維農葡萄園區以低產量採收釀製，並在優質法國橡木桶熟成20個月後裝瓶，裝瓶後又在酒窖熟成12個月才上市，是一款可以存放超過20年的好酒。

生日當天，受邀賓客約五十人，除親友及雲林藝文界好友多人，如黃逢時伉儷、王麗萍外，更有遠從花蓮趕來的雕塑家許禮憲夫婦，台北來的好友林秋芳及雕塑家楊奉琛等等。當天在現場那卡西演奏的陪襯下，眾多好友紛紛沉醉於歡唱及跳舞笑鬧的氣氛中，一個「50+50=100歲的生日趴」在葡萄酒的助興下，更亢奮，更跳動。餐會直至僅餘十多人時，即使大家都已酒酣耳熱極盡興致，但還是要把這瓶耶林驛站酒開了，來作為這場晚宴的壓軸。論質量此酒當然不能與五大相題並論，但承載在這支酒上面的，是我和內人共同連結的生命旅程故事。它的前半生發生在澳洲亞拉河谷，每當看見它，就會讓我想起遠在墨爾本的好友，還有那一片蔚藍天空，美麗葡萄園的美酒旅程。而它的後半生，就在台灣斗六的摩爾餐廳，在酒瓶打開的那一瞬間，就注定是要與美慧、松根及眾多好友們一起譜下這「100歲生日趴」的完美詩篇。

一瓶「好酒」如果能聯結出人、事、地、物，就能越顯珍貴。好酒若只是獨飲，惟飲者知其味好，獨樂不如眾樂，可惜至極！因此好酒宜選擇在重要時刻，在特別的地方和親密的親友一起共享，那麼這酒自然就超越了物質享受而有更深層的存在意義了。這樣的體認，是我從陳新民大法官的書中得到的啟示。在「稀世珍釀」一書中，每一款酒都有屬於自己的名份身世，不僅如此，它們也都訴說著大法官陳新民為它們鋪陳的精采故事，讓此書益顯珍貴百看不厭。常想，如果沒有那天的100歲生日宴，我們不會知道奉琛的歌聲那麼好，而更想不到的是，那竟是我和奉琛的最後一次合唱了。對松根、對奉琛、 對許多當天來參加生日宴的好友們，這款兩瓶裝1999年份的耶林驛站承載了我們彼此共同的回憶，而對美慧及我，此酒絕對是此生永難忘懷的《稀世珍釀》。

值此大法官陳新民退休之日，好友們！讓我們一起高舉葡萄酒杯，快樂去尋找心中的「稀世珍釀」吧！乾杯！乾杯！乾杯！

Author

趙元才
先生

畢業於中興大學農藝系畢業。基於對葡萄酒的熱愛，遂於公餘之暇，努力進修各種釀酒知識，包括釀造酒與蒸餾酒。並參加中興大學葡萄酒釀造研習班，了解了釀酒的技巧，此外更多次前往法國、德國、奧地利、匈牙利、澳洲葡萄酒莊巡禮
，去年離開公職後，遂能一圓成為釀酒師之夢。且立即前往德國萊茵河區一個具有百年歷史以上的小酒莊「Annenhof」，觀摩由葡萄採收至釀酒完成等全部過程，達3個月之久。已能掌握釀製德國式白酒的精髓。現正於雲林古坑鄉建立荷苞酒莊，釀制各種優質、具有台灣水果與風土特色的利口酒、白蘭地。相信有朝一日，必定會成為「雲林之光」。

酒趣人生

張晉城

那年我在成功中學唸高二，民國五十四年吧（那年代還沒人用西元），晚秋的涼風從街尾習習吹來，我正愉快地 讀羅曼羅蘭的「約翰克利斯朵夫」，父親忽然喚我：「穿衣穿衣，隨阿德去東雲閣酒家替爸爸走一攤，我去五月花無法分身。」少年的我充滿著好奇，二話不說就坐上阿德的三輪車去和大人拚酒，在高叉旗袍的阿姨悉心照顧下首戰全身而退，細節不表。

這是我的第一次，飛龍在天，從雲端直攻酒國聖殿。

如今年近七十，酒海桑田已歷半世紀。晚餐料理不拘，但少不得來點葡萄酒佐餐。我告訴Lisa 這算是每天的例行健康檢查，想喝喝得下，酒後神仙般歡樂滿滿，代表身體還堪用。

1977年在倫敦大學學院（UCL）唸海商法，養成了每天喝酒的習慣。校園酒館上學日每天下午五時開張，學生會（Student Union）自營，價廉物美之外也是不同科系間交流和交友的場合。時間一到，圖書館漸空，各路師生轉戰酒館，人手一杯，男士多半 a pint of lager，bitter 或 Guinness 之類的啤酒，女生偏愛白酒或shandy （啤酒和汽水各半的調和酒），均一價25便士。有次在亞非學院酒館遇見一位阿爾及利亞裔的法國籍美男子，竟然是水滸傳的教授，酒興談興雙管齊開，後來膀胱鼓漲，我道聲「對不起，去尿遁一下。」他一聽立刻抓住我：「什麼尿遁？」「虧你教水滸傳，台灣正宗版的水滸傳就有尿遁，你那大陸版的被文革了，不齊全啊，哪天務必來臺灣取經。」看著那權威級的老師一臉茫然，多半已經茫了，東南西北團團轉。我藉著尿遁散了，被 續追問下去鐵定穿幫。

勞氏保險經紀人Graham Mott 有天邀我去Soho的Pub喝酒，我教他用英文喊臺灣拳，第一回合我輸了，便舉杯要乾，不料手肘被按住不 我喝，Mott：「你輸家怎可喝酒？」「輸的人罰喝酒啊。」「喝酒怎麼會是罰，那贏的人贏了什麼？」他非常慎重地舉杯一口乾了。

回台後和朋友餐敍，一位晚到的朋友抱拳作揖，狀似誠意十足：「歹勢，我遲到先乾三杯賠罪！」我立刻出面擋下：「嘿！遲到的先晾一邊，上第四道才可以開始喝酒。」喝酒在華人世界怎麼變成懲罰呢？我移植了英國人的飲酒文化，遲到罰禁酒，正式成為我圈子裡的潛規則；不然哪天風聞佐餐酒是羅曼尼•康帝（Romanee–Conti），豈不是大家都比賽晚到？

記得是1997年，應歐洲議會友華小組之邀，我參加了由立法院友歐小組組成的訪問團，回訪歐洲議會。此行共有我們一行四位立委，分屬立法院內不同黨派，加上隨團顧問新民兄及一、二位媒體記者，一起出訪法國史特拉斯堡和巴黎進行國會外交。新民當時身份是中央研究院研究員，最難得的是葡萄酒的探索深度廣度堪稱一絕，著書立萬，酒國奉為聖經。

此行公事圓滿達陣，主辦人開心極了，豪氣大發打算讓大家開懷暢飲。並且講明了：「小小的幾瓶酒，不會讓我的的事業垮掉。」我們知道：飯店的美酒有限，不僅種類既少，又甚昂貴，不足以開懷暢飲。所以，下午先去巴黎最著名的美食超市「鐮刀」（Fauchon）的酒窖中，特別精挑了 對讓法國佬「痛不欲生」的八支葡萄酒：開頭的香檳酒，選到當時最難找到的克魯格酒莊（Krug）的小園「美尼爾園」（Clos du Mesnil）的香檳，這款「白中白」年產量只有一萬五千瓶，當時台灣一瓶難求；其次乾白酒，當然是選擇是康帝酒莊的夢他謝（Montrachet）白酒；進入到紅酒階段，則挑選二瓶同樣是康帝酒莊的當家驕傲——羅曼尼．康帝及拉塔謝（La Tache）。

只飲布根地酒，而忘了波爾多酒，豈非大逆不道？因此，我們也選擇了二瓶波爾多的代表作：分別是大名鼎鼎的「彼德祿堡」（Chateau Petrus），以及瑪歌堡），應當可以充分表達美多地區的頂級酒特色了。最後的甜點，自然應當少不了「狄康堡」，但是由於此行我們經過阿爾薩斯，為了紀念這次難忘之旅，我們也特別挑選一支當地最著名的洪伯利希酒莊（Domaine Zind Humbrecht）所釀製的貴腐酒－這是釀製於非常小的聖烏班園區（Clos Saint Urban），年產量不過五百至一千瓶，可以說是美酒世界最難找到的一款酒，如今偌大的鐮刀酒窖中，竟有孤零零的一瓶躺在角落，眼尖的新民兄看到，馬上拿入酒籃之中，讓今晚的美食美酒能有最完美的結局。

這八款美酒都是1980年代、甚至1970年代晚的產品，保存狀況一流，並且完全出自新民兄的大作《稀世珍釀》的「世界百大」名單之上。價錢當然十分划算，需知：就在新民兄「稀世珍釀」出版時，全世界最貴的羅曼尼．康帝在台北市購得的價錢約為1千美金，在巴黎當時的價錢鐵定低過這個數字，而如今一瓶新的年份，康帝已經漲到十倍的1萬美金一瓶。可知當時大手筆購買得到的這批「八大名酒」的價錢，現在恐怕連半瓶的康帝都買不起也！當時的巴黎，真是美酒的天堂也！晚餐的地點則是由我國駐法國代表處的安排，選在一家巴黎歌劇院附近一家以海鮮著名的法國餐廳。

當我們到達飯店後，我告訴接待人員：「我們自己帶酒來。」服務員看到我們帶來的酒，只是裝在一個不起眼的紙箱中，以為我們是帶來爛酒，怕在飯店花去太多酒錢，所以當下便態度堅硬的說出：「那可不行，本店嚴禁客人 帶自己的酒。」一口回絕。我找上經理溝通，「 對不可能，這無關開瓶費的多寡，而是原則，本店百年歷史已歷三代從未破例允許BYO（Bring your own），況且，本店藏酒豐富各種級數俱備。」我一聽立刻挑戰：「這樣吧，你先看看我們帶來的酒，貴店也有我們就用貴店的酒，如供應不了，務必破一次例，巴黎市長中午宴請我們特別推薦貴餐廳呢。」新民兄適時的從口袋中拿出一張巴黎副市長的名片（這是上午拜訪時拿到的名片），被經理拿去貼在牆上。顯然好以名人來裝點門面，露出了死穴。

於是我把酒全拿出來攤在桌上，那經理盯著那八款酒，端詳半天。「怎樣？」「我請示一下店主。」他就是店主，不知道在盤算什麼。其實這家也不是什麼米其林星級餐廳，想必沒遇見過同時開這那麼多最高品味與講究美酒的客人。不久，經理返回：「這樣吧，這八款酒先借我做員工訓練。」只見三十幾位內外場員工齊聚，經理神色飛揚嘴角冒泡，好像擺在眼前的是辛巴達寶藏。拍了照片存証之後，經理開恩：「今晚破例，我們會提供相配的酒杯。」那是今生難忘的回憶！

法國人遇到羅曼尼•康帝就心智障礙，連老婆是誰都搞不清楚，要是可以嚐上那麼一口，什麼原則都不算數；就像一隻烤熟的羊腿掉在狗兒身上，全世界頓時不見了，抱住那隻羊腿兩眼火燒，像發瘋似的舔、扯、摸、抱，極盡猥褻。

每次好友聚餐主人總會準備七、八支紅白酒，講究的主人白酒放在冰桶冰鎮，涼度隨葡萄品種有不同的要求，莎當妮、白蘇維農偏dry 的和Gewürztraminer 或微甜白酒個性不同，須不同對待才帶得出特有的風味；紅酒也不是醒愈久愈好，有些會喪失厚度，主人的功力或偏好決定了每一支酒的格調。而後，案桁上幾枝酒一字排開，像伸展台上的佳麗，聚焦每一位賓客的眼光，熟朋友往往按捺不住品頭論足起來，尤其如何排序煞費心事，偏偏這差事常落在我身上。所謂由奢入儉難，普遍傾向循序漸進，畢竟曾經滄海難為水。那麼怎麼評比才能得出正確的順序呢？根據派克大師（Robert Parker）的評分嗎？說實話我不怎麼信他；價錢嗎？市場供需的因素、宣傳、哄抬，未必真確反映品質；經驗嗎？却又常常面對從未品過的酒。品酒本是非常主觀的感知，準則在哪呢？所謂客觀其實是人云亦云，吃喝玩樂的事情哪有客觀的依循？

可是，年紀漸長酒量不比當年，喝酒順序隱然漸趨共識：我們一致主張應先上當 眾佳麗中得到后冠的那一瓶，亞軍作第二瓶，以此原則發展下去。趁著大家口齒清晰，五官六感尚敏銳的短暫時間，先幹掉今晚的主力好酒，幾瓶之後多半進入了民法上得宣告禁治產的心智階段，舌頭打結語無倫次，步履蹣跚，五味不分，嚴重的漸呈彌留狀態，那時即便開支玫瑰紅，只要裝在水晶醒酒瓶看起來金枝玉葉，村姑野婦都成了嬌嬈迷人的茶花女。在眼花潦亂族繁不及備載的酒海中，挑選幾款常備酒絕對的需要，雖說像海底撈針，其實也沒那些故弄玄虛的專家說的那麼神秘兮兮。

超昂貴的酒有它自承一脈的道理在，然而一克拉鑽石是十萬元的話，一點二克拉並不是十二萬，可能要二十萬元，這就是波爾多五大酒莊的價格寫照，差別可能不明顯，但價差很大。對於口袋深不可測的朋友，用波爾多五大酒莊、布根第的羅曼尼．康帝及新世界各國第一名的國寶酒來滿足人生，既省事、不犯錯、又澤被諸親好友，功德圓滿。我聽說馬雲一年雪茄抽掉數百萬人頭紙，當然他不會薰死自己，肯定身邊一票人共襄盛舉。

我祖上積德忝為多位深口袋的諸親好友之一，常常雨露均霑，福氣滿滿。可我距離深口袋的那一層甚遠，望著金字塔頂端，我算地底那一層。可偏偏好酒，訂閱了不少酒雜誌，熱衷參加品酒會，又博覽酒書，到處挑酒比價，以時間換取金錢，希望不時能獵得幾箱內心竊喜，物超所值的好酒，晚餐時把玩品味。這工作看似耗時費勁，其實樂趣無窮，堪比美 讀文學名著和聆賞古典音樂，生活情趣推陳出新層出不窮。

我挑酒的原則很簡單，首先要解除所有先入為主的各種input，專家的說法、評論、酒商的宣傳、推薦、各種獎項評比，都不能當真。各種文字敘述當作小説來看「有人這麼認 」就夠了。儘可能讓自己白紙一張，只用五官去感受，視覺上酒色清澄而不清淡，隱約帶有出污泥而不染的滄桑？入口是否有想持續喝下去的牽引？這兩點最重要。有些專家故弄玄虛，什麼「綜合了馬鞍皮革和雪茄煙熏的味道」云云，要是一支酒喝起來有馬鞍皮革的味道，我是不喝的。那些專家總是迴避矇瓶試酒，免得露出龜腳。有一年聖誕夜朋友齊聚山莊，人手一瓶都帶酒來和大家分享，其中一位深口袋朋友從酒袋中拿出一瓶拉菲堡：「這瓶給大家享用。」接著又取出一瓶完全不登對的公賣局玫瑰紅：「這支今晚我要喝的。」一語驚四座，引起了不安和騷動，議論紛紛，只見那老兄道出了一段人世間至誠至性之言：「玫瑰紅正對我味，那些法國名酒除非兑一半蘋果西打，我喝起來皺眉頭。」一個人不拘泥不迎合，對己對人誠實無諱，怪不得事業如此成功。

酒是自己要喝的，只要一個「好喝！」就足夠了，不需其他的佐証。不喜歡的酒無論多麼高貴，被捧得多神奇，不妨淡然處之。一樣米飼百樣人，口味因人而異。不過，酒國浩瀚，須要用治學和實驗的精神深入探索才能一窺堂奧，試酒品酒是 對必要的手段。我喜歡把拜訪酒莊列為旅行中的重頭戲，半世紀來走訪過數以百計的迷人酒莊。幾年前在Reims 住了好幾天，每天在婉延曲折的地下坑道徬徉，遍嚐各種純正香檳；又有一次特別安排在澳洲Margaret River產酒區訂了渡假村，連住八天，每天醺醺然將自己浸在各酒莊中，……。見識不廣，經驗不足，卻又故步自封，誤以為找到了真愛，有一天終將分手。

炎炎夏日和白蘇維濃及莎當妮葡萄酒，這兩位風情美人同餐共舞，譜一曲仲夏夜之夢，最能消暑；前者淡雅清純像是山村姑娘，後者濃郁甘醇好比餘韻熟女。直到2011年3月我和Lisa 一行10位玩伴來到紐西蘭奧克蘭港灣碼頭一家地中海餐廳，一位美麗高挑的奇異女士（紐西蘭白人自稱Kiwi ）過來接待我們，熱情地把臉頰貼向幾位靦腆男士行英式禮，接著又一一正面碰鼻子行毛利人歡見禮。在她的推薦下，我們清一色點魚鮮料理，特別是一大鍋白酒煮紐西蘭淡菜。我兩眼不安份的在酒單上尋寶，驀然發現有一支本地產的格烏茲塔米那（Gewürztraminer）白葡萄酒，眼睛為之一亮。這品種不像夏多內和白蘇維翁那麼普及，然而果香中帶著淡淡的一股台灣荔枝的味道，非常獨特，一直是我無法抗拒的白酒，一瓶紐 78元，在當地算高檔。我每次一頭鑽入葡萄酒專門店都會下意識地先找格烏茲塔米那，那是一種樂趣，雖然常常損龜。經驗告訴我一支一千五以上才能得到風味 佳的格烏茲塔米那白酒。

人生的一切美好就在探索，好友們，一起來探索吧！

Author

張晉城
先生

台大法律系畢業，曾留學英國倫敦大學，先後擔任省立臺灣海洋學院（今國立海洋大學）教授、國民大會代表、立法委員，離開政壇後，擔任著名律師事務所所長。2000年後決定退隱，告別江湖不問世事，從此雲遊四海，潛心文學、古典音樂、學習聲樂歌劇，每日做三餐，浸淫在在食衣住行的生活樂趣中，目前蝸居苗栗八角居所，2012年曾經出本一本紐西蘭名宿逐酒文集《背包客，不是年輕人的專利！「黑白辣」唱遍紐西蘭的27天記遊》頗受歡迎！

我的釀酒人生

深耕園的誕生故事

黃國彥

我的老朋友黃煇宏兄要出版一本恭賀陳大法官新民兄退職的酒趣文集，邀我撰稿一篇。我對新民兄重啟人生另一扇精彩之門當然樂於共襄盛舉。然而要寫什麼題目，我大費周章。一日偶遇陳兄，他建議我何妨將我逐夢的過程－闢建一座釀製具有台灣本土風味葡萄酒的酒廠，介紹給讀者們知悉，同時也可以吸引更多台灣與大陸的酒友，興起一嚐自家佳釀的興致？我思之再三，認為很有道理，以下便是我對自己逐夢過程的敘述。

2012年11月，我與秉森酒莊莊主楊秉森，決定在盛產葡萄的重地－彰化二林，建立一個以歐式釀酒法釀造黑后葡萄酒及義式白蘭地為主的釀酒廠。並且推出一種在台灣當時酒界尚極為陌生的「葡萄酒革命」。這個革命是以三大訴求為號召：1.釀酒工法的全面改進；2.強化台灣城市飲酒界對本土葡萄酒的認同；3努力保存台灣少數可以釀造葡萄酒的樹種——黑后葡萄樹與金香葡萄樹的保留與復育。

我是一個非科班出身的葡萄酒釀酒師。本來我只是熱愛葡萄酒，並沒有想到要投身到釀酒行業。奇蹟發生在2008年夏天某日，一個突發奇想，讓我開始了在自家頂樓栽種葡萄樹、及實驗釀造葡萄酒行動。2010年以手工方式，由黑后葡萄釀出紅酒，並以30公升的法國橡木桶陳年，釀出了與台灣其他酒莊過往完全不同風味的黑后葡萄酒。原本我只是為了就近觀察葡萄酒從栽種到釀造的過程，而嘗試釀出此批酒。但是經過不少朋友品嚐後，都給予極高的評價，紛紛鼓勵我再接再厲。終於讓我下定了決心，從此開啟我的釀酒生涯，這就是2012年我被外界稱為造成葡萄酒革命的濫觴。

所有革命的過程都是辛苦的。2012年的葡萄酒革命亦然。在當年11月底，採收前的一個半月，二林的天空沒有下過一場雨，再加上我刻意晚採收葡萄，俾能使葡萄更為成熟，如此便造就一個完美的葡萄酒年份。當時著名的酒訊雜誌，曾專文報導〈逆轉台灣葡萄酒的夢行者，黃國彥再現黑后葡萄酒風華〉。讓我的名氣開始在酒界中開展出來。

接者在次年2013的7月，我結合了彰化二林地區的歷史，人文及葡萄園風土，創立一個名為「深耕園」的葡萄園，自己栽種葡萄，而不必再如同往年四處收購葡萄，以求品質的穩定，同時希望能夠釀出道地台灣風土味道，同時品質能與世界接軌。我特別選用了一個法文的酒莊名字的「Domaine Croissanceprofonde」，其中Domaine乃布根地地區常用的「酒莊」用語，至於Croissanceprofonde便是法文的「深耕」，由酒莊的名稱，可以顯示出我努力將本酒莊佳釀推向世界舞台的企圖心也。

目前本酒莊僅有0.6公頃，年產量不過800-1000

瓶。所有成品都會經過的篩選、超過兩年在法國新橡木桶醇化，因此有極為濃烈的花香與漿果味，也應可具有長久陳年實力。目前深耕園黑后葡萄酒酒款年份為2012/2013/2014年。

除了深耕園紅酒外，我也因為對義大利的葡萄烈酒－格拉帕（Grappa）極有興趣，幾乎在一開始我也試釀少批量的格拉帕，沒想到立刻獲得了許多知音。我記得印象最深刻的是陳大法官新民兄給我的鼓勵，他甚至認為我應當號召更多二林地區酒莊業者，共同努力釀造具有台灣風味的本土白蘭地，或是不入橡木桶醇化的格拉帕以及類似蒸餾手法製造出來的德國燒酒（Weinbrant）或法國布根地燒酒（Marc），都可以克服天候與土壤不適合釀造一般葡萄酒，但一樣能創造出高利潤的葡萄酒業也。目前深耕園格拉帕可說是本園另一個驕傲，每年也只有兩三百瓶的小批量，等待伯樂的到來。

深耕園還有一段漫長的成長與學習過程，也將是我終身全力追尋夢想的旅程也。

Author

黃國彥
先生

這是一個典型的葡萄酒莊「追夢人」的故事。黃國彥出於對葡萄酒的熱愛，興起了挑戰大自然、釀出具有台灣風土特色的葡萄酒之雄心。夢想一切由克難的方式開始：2008年在自家的樓頂僅有1.67坪的空間，獨自搭上棚子種起5株葡萄，天天澆水、天天觀看與呵護，而後用簡單的玻璃缸發酵，再購買小型橡木桶來儲藏，收集使用過的酒瓶來裝酒，終於釀出人生第一批數十瓶酒。經與朋友分享後頗獲讚譽，鼓舞了他繼續嘗試釀出義大利格拉帕燒酒、利口酒的信心。經過近十年的經驗累積，目前已經能夠在彰化縣二林鎮獲得品質優秀穩定，且樹齡高達55年的黑后紅葡萄與金香白葡萄，釀成深耕園的紅、白酒，成為臺灣葡萄酒界的驕傲，也是「人定勝天」之典範。

我與當代「酒神」的美麗相逢

1994年份亨利・薩耶酒莊的克羅・帕蘭圖酒

蔡三才

1980年代興起的葡萄酒熱潮，雖然是由法國波爾多，特別是美多區的明星酒莊，例如木桐堡與拉菲堡等酒客所熟知的五大酒莊引領風騷，讓這些歷史名園的身價一年數漲，成為時尚的新貴。在這一波轟轟烈烈的「葡萄酒熱」－更精確的說，應當是「波爾多熱」，讓波爾多的風土，重要酒莊的名聲與歷史典故，令人津津樂道，自然加速了酒價的攀升。相形之下，另一個天王級的法國酒產區－布根地，就顯得較為寂寞與寧靜。就以平日周末假期而論，數以千計的各國旅客，如游魚般的穿梭在波爾多名酒莊之間，熱鬧非凡；反之，布根地酒莊仍一如往昔的平靜與安詳，零星的顧客，固然不免外，但五花十色的旅遊巴士，則少見矣！

這也必須歸因於布根地酒莊的特徵：小酒莊林立、酒款眾多但數量皆有限，不似波爾多的名莊都是巨大資金的累積，豐富的年產量使得有充沛的財力進行有系統地廣告與行銷。布根地酒便是這種「熟者自熟、生者自生」，好酒專賣識貨與有緣人也，故品賞布根地酒便是個人的品賞能力問題（problem of tasting），由個人的品酒經驗、美學標準、歷史情懷，特別是鍾意頂級釀酒師手藝所必須依賴的「荷包深淺」，都決定了與哪些布根地酒的情緣也。

當然，大名鼎鼎的羅曼尼康帝、樂花園、盧騷園（Armand Rousseau）、杜卡皮園（Bernard Dugat-py）都是布根地酒迷所競逐的對象。但是真正地能引起大家頂禮膜拜的釀酒大家，公認只有2006年所去世的亨利．薩耶（Henri Jayer）。

這位有當代葡萄酒「酒神」美譽的薩耶大師，在布根地釀酒、賣酒一輩子，沒有亮麗的儀容、也無高超行銷宣傳技巧，平生也沒有寫過美妙文字來闡述釀酒哲學，當然也沒有像其他知名酒莊主人般，會八面玲瓏地周旋在商界與媒體界。住在鄉下一個再平凡也不過的小房子內，他居然能釀出超過康帝酒莊數倍價格的李奇堡，以及馮羅曼尼酒村中的帕蘭圖酒（Vosne-Romanee Cros Parantoux）。

提起李奇堡，知道的人甚多，但帕蘭圖酒知者甚少，當然市面上更難得一見。新民兄所著的《稀世珍釀》（2015年第4版）已經將此酒選入「世界百大」之中，並且提及：任何一瓶出自薩耶大師之手的克羅．帕蘭圖酒（1978~2001年），在台灣如能獲得，至少須付出20萬以上的台幣。因此，能有一親芳澤的經驗當然有如晨星般的稀奇也。

我何有幸與王正基兄一起品賞1994年份的帕蘭圖酒。猶記得這是在2010年9月20日晚上，在台北一家著名的西餐廳（Justin's Signature），品嚐此酒，由於酒太珍貴，以至於當天菜色如何，我幾乎早已拋之於九霄之外。

提到1994年份，這是甚差年份，不僅波爾多如此，布根地亦然。薩耶的帕蘭圖酒，當然也有最輝煌的年份，例如1985、1990、1993及1999。我雖然無緣品及上品之作，但能夠一嚐此稀世珍釀的機會，如何再能奢求年份也？

以下便是在正基兄的耳提面授下，我回想起當晚的品酒記錄：

因恐1994年為歉收的布根地年份，不敢躁進。約莫傍晚六時，開瓶後換瓶一次，就倒回。但號稱「布根地之神」的薩耶大師果然功力非凡，於稍後的用餐期間，此酒不斷的變換每一階段，由剛被喚醒的枯萎氣味，一路至餐末的百花爭放與甜美果園，足足歷經三個小時有餘，並且餘韻猶存。

本酒酒色清澈、淡薄，看似微弱外觀。香氣初始淺薄，僅以些微黑色李梓風味並大量乾燥菌菇、木桶為背景。初嘗口感，酒體適中，酸度與單寧明確、緊實風骨，口中開始散發淡雅草莓果味，且遺留漫長香氣於兩頰。心中暗喜，原來此酒尚未發揮實力。停杯未飲，約莫一小時左右，開始出現豐厚果香，如李梓、草莓並覆蓋於烘烤橡木桶的背景，配合些微乾燥香料點綴，而口感中，酒體也略轉為豐厚，但依然是以緊實、高酸的扎實風骨為其架構，但口中也轉為更甜美的果韻提供完美支撐。自此時開始，不停的小口啜飲，細細感受每一次的細膩變化。截至用餐後期，已歷經約莫三小時，最後杯中僅剩一口，卻開始散發大量花香、乾燥香料、烘烤橡木與甜熟櫻桃、草莓果味，豐富多元卻也融為一色，一口入喉，其悠悠、細緻的甜美餘韻，可謂蕩氣迴腸不斷的感動於心。

Author

蔡三才
先生

是全球最大膠帶集團美商3M公司在台灣的利芃國際公司總經理。經營事業有成外，對於葡萄酒與美食都有極為深湛的研究，特別對稀有與特殊年份的布根地酒，鑑賞功力一流。新民兄的大作《稀世珍釀》曾介紹與朋友品嚐兩瓶2006年份帕蘭圖酒－分別是胡傑園與卡木塞園，便是與作者一同品賞也。

義大利天王酒莊「碧昂地·山帝」行旅記

1997年份山帝珍藏級酒

吳志雄

美食與美酒是我人生當中難以割捨的部分，雖然知道自己有糖尿病，飲食及生活習慣需要控制，但是秉持著「Work hard, play hard, enjoy life」的原則，平日聽從醫囑按時服藥，定期檢查，養成規律運動的習慣，為的就是能夠盡情品嚐美酒佳餚。這樣的投資報酬率很值得！美食與美酒的特性，就是與人分享勝過獨享！這些年下來，生活經驗中累積了不少好友，開心相聚之時有美酒助興，更是錦上添花。

提到印象最深的酒，要從數年前和一群好友踏上義大利酒莊之旅談起。朋友悉心策劃，帶領我們幾對好友夫妻進行一場深度旅遊。從羅馬進入，經過西耶納（Siena）到托斯坎尼（Tuscany），皮夢特

（Piemonte），最後由阿爾巴（Alba）及米蘭離開。第一站就是義大利酒王「碧昂地．山帝」（Biondi Santi）酒莊，首先映入眼簾的是二棟爬滿槭樹的房舍，樹葉顏色紅綠相間，非常美麗。由於這團是越昇酒舍老闆Alan、麗美夫妻帶隊，在山帝酒莊非常榮幸由93歲莊主法蘭哥（FrancoBiondi Santi）親自接待，他告訴我們山帝酒莊的歷史，堅守家族釀酒的傳統，讓我們參觀試酒室內的歷史文物，並開幾瓶好酒讓我們試飲。看見我們這群遠從台灣前往的旅客，或許是對了法蘭哥的興致，談天說地聊得欲罷不能之際，他居然開了一瓶經典名酒，1997年份山帝珍藏級酒（Biondi Santi Reserva），讓我們品嚐。聽到這消息大家興奮到極點！

望著酒杯中光澤動人的酒滿懷期待與興奮，小心翼翼入口，大家面面相覷，臉色並沒有喝到酒王的滿足感。因為剛開瓶的珍藏級酒，充斥著太強的丹寧及酸味，我們來不及給它充足的時間甦醒，自然是嘗不出酒王的味道。不過在主人熱心接待下，大家還是快樂的請法蘭哥簽名拍照，最後離開時主人還贈送每人二瓶Rosato di Toscana，是法蘭哥創造的粉紅色葡萄酒款。酒莊之旅繼續進行，這期間也喝了不少好酒，只是對於山帝酒莊的感覺帶有些許遺憾，感覺就像是表現失常的冠軍，無緣一睹它真正的風采。

回台灣後在某次場合與好友賴文賢、唐志賢等人再開一瓶山帝酒莊，1997年山帝珍藏級酒（Biondi Santi Reserva），這次主人讓醒酒時間長達10小時，喝起來與在義大利時的印象完全不同！濃烈的花香及櫻桃香，層次分明，非常迷人，有著義大利貴族的優雅氣息，完全符合陳新民教授

在他的大作「稀世珍釀一世界百大葡萄酒」的評價。山帝珍藏級酒是100% 三吉士（Sangiovese）品種葡萄釀成，不由得感嘆法蘭哥先生秉持信念，不以回收成本為目的，抵抗超級托斯卡納酒（Super Tuscan）的誘惑，堅持義大利的精神與傳統，才能讓我們得以品嚐此一仙釀。

一瓶山帝珍藏級酒，要採集精選最佳品質的葡萄，經過長時間的培育與發酵，還有陳年的儲存才得以誕生。需要長時間的醒酒，需要無比的耐性與堅持，才能品嚐山帝珍藏級酒的真味。世界上沒有一蹴可及之事，時間與信念方能粹練完美。這也是已過六十耳順年紀的我，對人生的體會吧！

Author

吳志雄
先生

係國內著名肝膽腸胃專科醫師，曾任台北醫學大學教授及附設醫院院長、署立雙和醫院院長、現任恩主公醫院院長。除醫術精湛外，對於藝術、文學、古董、旅遊與美食等，都有極深的涉獵，同時為人熱忱、樂於助人，因此深得朋友愛戴，交友滿天下。

鍾情紅酒

初春台中邂逅美麗的布根地酒

柯富揚

酒是一種文化與人類精神力的展現，透過品酒交誼，能夠聯繫人與人之間的情感，藉由酒所傳遞的美妙旋律，孕育出不少令人感動的詩詞作品，放眼古今中外，各大文豪與政商名流，無不將酒融入生活的一部分，甚而以酒入詩，一邊徜徉天上才有的絕美旋律，一邊品出濃郁的清雅酒香，令人陶醉。

在酒的世界裡，我特別鍾情紅酒，不光是紅酒裏頭充滿了鮮活的生命力，在品用紅酒的過程，猶如咀嚼詩歌裡的「引子」、元曲裡的「楔子」，可以激起人生的憧憬，繼而奮發創新的力量，如果說詩詞歌曲是人類文明的核心部分，則品酒文化就是詩詞歌曲的美麗延伸，更是人類智慧的結晶。

拜讀唐朝劉禹錫的《葡萄歌》，藉由他對葡萄酒的歌頌，以及以活潑的詩句生動地描繪葡萄生成的過程，令人徜徉其間、心曠神怡，而「種此如種玉」一句，不單是對於上好的葡萄的讚賞，更突顯取之珍釀美酒的舉世價值，另末道「釀之成美酒，令人飲不足」等詞，則精湛地道破文人雅士對於葡萄紅酒的依戀之情，或許對於絕美的普世珍果，只有釀成滴滴香醇的紅酒，才是最適合對其表達敬意的方式。

紅酒文化在華人世界中扮演著舉足輕重的文明延續者的地位，葡萄紅酒更是跨足文學、醫藥等人類精神與生命傳承的重要領域，此從遠古的《詩經》裡，即有諸多描繪葡萄植物的記載，可見一斑，16世紀中葉的華人醫藥聖典《本草綱目》亦有提及：「葡萄，漢書作蒲桃，可以造酒入酺，飲人則陶然而醉，故有是名。其圓者名草龍珠，長者名馬乳葡萄，白者名水晶葡萄，黑者名紫葡萄」；而傳承千年的《神農本草經》更將葡萄、大棗等五種果實列為果中上品，並描述：「蒲萄：味甘，平。主筋骨濕痹、益氣、倍力、強志、令人肥健、耐飢、忍風寒。久食，輕身、不老、延年。可作酒」；李時珍甚而在《本草綱目》直接提到：葡萄酒有「暖腰腎、駐顏色、耐寒」、「酒，天之美祿也。面曲之酒，少飲則和血行氣，壯神禦寒，消愁遣興」等語，足以彰顯紅酒對於人類的崇高價值與意義，無怪乎華人的紅酒文化有著遠遠流長的溫煦情意，如李白的斗酒詩百篇，杜甫、辛棄疾、李清照的借酒抒情，透過對酒的歌頌來傳達豐富的文化內涵及思緒底蘊，縱酒賦詩與葡萄酒相約成靈魂伴侶，形成創作靈感的催化劑與情感寄託，藉由紅酒生命力的幫助，讓沉潛心靈的文化情感與能量一併綻放，造就博大精深的中華葡萄酒文化；更時有譜出豪氣干雲的詩詞歌曲，無論撰述壯士出征前必須有醉臥沙場的豪邁，還有杯來酒盡的英雄氣勢，似乎擁有紅酒的支持，英雄壯士即有雖千萬人吾往矣的威嚴氣概。

我認為，葡萄酒因詩詞歌曲的描繪得以傳頌久遠，而這些文明薈萃也因葡萄酒的加入而更加精采，二者可謂相輔相成、相得益彰，中國葡萄酒文化不僅隨著黃河、長江帶動了華人的千年文明，「葡萄酒」二字更體現了中華文化物質與精神的複合內涵，傳承了多元且饒富風雅的文化。

至於西方世界更將葡萄酒視為生活的一部分，無法將之抽離於日常之外，更深入地說，國外的葡萄酒文化是與生活、交誼、娛樂等元素緊緊聯繫在一起，更是西方飲食文化中不可或缺的重要部分；相較於華人世界的多愁善感，西方對於葡萄酒更著重在釀製與品酒的細膩過程，無論是上流社會的宴客，還是普通家庭的用餐，都少不了葡萄酒的搭配與禮儀，而對於葡萄酒的認識與品嚐細節的知識，更足以表彰一個人的社會身分與地位。

而我們也不難從以下西方文學作家或媒體工作者對紅酒的經典評價，來一窺西方世界對於葡萄酒的高度重視程度：

葡萄酒讓每次的用膳變得盛情隆重，讓每次的進餐過程變得得體雅致，讓每天的生活變得文明富足一安德雷•西蒙（Wine Makes Every Meal An Occasion, Every Table More Elegant,Every Day More Civilized.— Andre Simon）

人生最美好的事物莫過於初吻和初次品嚐的那杯葡萄酒。一馬蒂•魯賓（The First Kiss And The First Glass Of Wine Are The Best.—Marty Rubin）

每品嚐一口葡萄酒，猶如品味著人類歷史長河裡的一滴甘泉。」一克利夫頓•法第曼（To take wine into our mouths is to savor a droplet of the river of human history. — Clifton Fadiman）

由於對於葡萄酒的喜好，我時而邀請親友們共同品嚐經典紅酒，而歷來印象最深刻的一次，莫過於今年暖冬的品酒聚會，原本以為會因氣候暖化而大大降低的春節團圓氣氛，卻因好友百大黃老師的一通電話，讓整個冬季年節圍爐歡聚的氛圍又找了回來了，這大概也是紅酒的特殊魅力，於是，就在黃老師的號召下，106年1月16號我們品酒會就在台中盛情地舉辦，而在確認品酒主題後，黃老師語重心長地提到：「錯過一場無緣的酒局後，又生出更多的酒局。人生就是這樣，你永遠不知道在什麼時候會喝到什麼酒？會和誰一起喝？原來酒是給有緣人喝的。」富揚當下對於紅酒的文化意義，又有更深一層的體悟，原來這令人陶醉的葡萄酒，不僅能傳遞文化、醫療治病，還能聯繫前世今生的緣分……

這次的主題是2003年以前DRC+Leroy紅黃頭+Armand Rousseau 香貝丹和貝日園。

當天酒單如下：

Bollinger R.D. Extra Brut 1990

Henri Giraud Champagne Fût de Chêne 1999

Domaine d'Auvenay Meursault 2003

Domaine Leroy Corton-Charlemagne 2003

DRC Grands-Echézeaux 1961

DRC Richebourg 1972

DRC Grands-Echézeaux 1991

DRC Romanée St. Vivant 1995

Armand Rousseau Clos-de-Bèze1988

Armand Rousseau Clos-de-Bèze1995

Domaine Leroy Clos de la Roche 1989

Domaine Leroy Nuits-Saint-Georges Aux Lavieres 1989

Domaine Leroy Pommard Les Vignots 1990

Domaine Leroy Chambolle-Musigny Les Fremieres 1991

Domaine Leroy Vosne-Romanee Les Genevrieres 2001

Dr.Loosen TBA 2006

一說到布根地，人們首先想起的會是康帝酒莊，當天我帶1991年份康帝酒莊的大伊瑟索（Grands-Echézeaux）與會，跟好友們一同品嚐，康帝可說是布根地首屈一指的酒莊，總共擁有羅曼尼·康帝、塔希、李其堡、聖、伊瑟、大伊瑟索、戈登（Corton）、夢他榭、巴塔·夢他榭（年產量僅300瓶，目前不對外販售）九個特級園，以及Duvault-Blochet的一級園（目前僅出產1999、2002、2006、2008、2009五個年份），酒莊的有非常嚴格的銷售策略，葡萄酒以一箱12瓶出售，每箱中的酒款按照釀造的比例分配，產量相當稀少。

酒莊的葡萄園中有一座建於約西元900年的聖維望·維吉（Saint Vivant De Vergy）修道院，長年失修的狀態下已經成為一個廢墟，近年來，為了發起複建此修道院的運動，自1998年起，康帝酒莊開始以貼牌的方式生產了一系列的白葡萄酒，來替複建修道院募款。如法國知名的葡萄酒專賣店CAVES AUGE與LAVINIA，即使只是Hautes Côtes de Nuits貼牌販賣的廉價款，但是DRC的釀酒工藝讓這款酒與眾不同，也是讓每個葡萄酒愛好者想一睹瓶內風采的好酒。

而能與康帝酒莊媲美的，就是樂花酒莊的酒。前者有皇者的風範，而後者就帶有女性溫柔的美，是布根地酒的皇后。現任莊拉魯貝西樂花（Lalou Bize Leroy）女士曾經是康帝酒莊的共同經營者，另外一位合夥人就是維蘭（Aubert de Villaine），1991年，樂花離開了康帝酒莊，有傳聞說他們最終決裂的導火線是樂花酒莊與高島屋的合作，為了擴大規模增加收入，拉魯女士將康帝酒莊稀有的配額銷售給高島屋，導致在日本有拆箱轉售甚至轉賣到其他國家的事件，嚴重影響了康帝酒莊的市場銷售策略；還有另一個說法是康帝酒莊擔憂拉魯女士日後會成為強勁的對手，所以才選擇將他革職。 然而，這都只是傳聞，離開了康帝酒莊的拉魯女士並沒有因此而放棄對葡萄酒的熱情，反而在樂花酒莊的成立之後，創造了能與康帝酒莊媲美的傳奇。

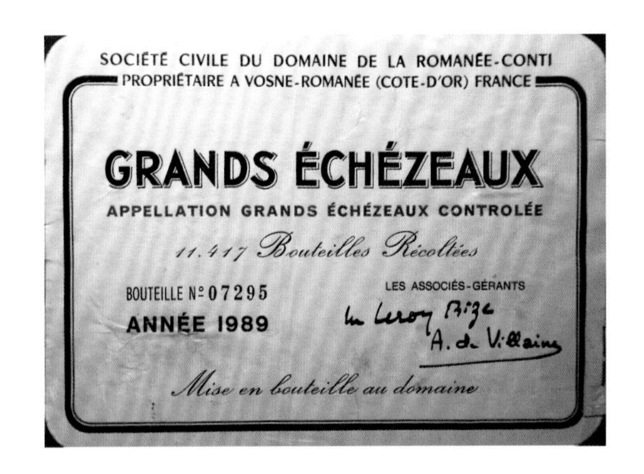

另一個被稱作為「香貝丹之王」的盧騷園（Armand Rousseau），地位猶如康帝酒莊在馮．羅曼尼酒村的重要性一樣，光是擁有的葡萄園陣

容，就足以讓所有葡萄酒愛好者瞠目結舌，13.51公頃的葡萄園中有六塊特級園、三塊一級園，其中包含香柏罈、香柏罈Chambertin Clos de Beze以及明星一級園Clos St-Jacques。日芙海．香柏罈（Gevrey Chambertin）的葡萄酒風格醇厚飽滿、芳香四溢，是夜丘中擁有最多特級園的村莊，據説也是拿破崙最愛的紅酒，在征戰的時候都會以專用馬車載著隨行，自己飲用之外也犒賞部屬。

某種意義上，盧騷園不是一家以技術見長的酒莊，而是一家用心釀酒核對土地有著極深厚感情的酒莊，除了擁有頂尖的葡萄園之外，莊主Eric更願意相信風土本身，延續他與生俱來對於風土的了解開創自己的釀酒風格。

我的康帝酒莊1991年份大伊瑟索，黃老師評價是：傑出的年份，有著大伊瑟索特有的薄荷、花瓣、紅莓和青草，持續力和餘韻也很優雅。整晚康帝、樂花及盧騷園共鳴，譜出一首美麗的詩篇，讓我擁有一個難忘的夜晚。

Author

柯富揚
先生

不僅精於醫術，對經營診所也甚為成功，平日熱心公益，對同業與病人之服務熱忱有口皆碑，遂被選為中醫師公會全國聯合會秘書長。除了醫術造詣甚深外，柯醫師對於美酒，尤其是布根地產區，產生極大的興趣，收藏頗豐，此外對世界各地各種頂級美酒，也如數家珍，無論是酒學知識或美酒的收藏之質量與數量，都已頗具規模，卓然成為大家。

強颱夜裡
賞美酒

1999年份羅伯・阿諾酒莊之
羅曼尼・聖維望

何敏業

我是一個非常愛品酒、也很愛吃的小女生。承老天爺眷顧，非常幸運的，我喝過非常、非常多的好酒。因為常常跟著黃老師及其他好朋友們一起品酒，也常有機會遇到新民大法官。而黃老師以及我的好朋友們總是不吝惜跟好友分享好酒，也因此我常常喝到許多很棒、又非常珍貴的好酒。但是說到讓我印象最深刻的一支酒，可能是最近去香港玩才喝到的羅伯・阿諾酒莊（Domaine Robert Arnoux）在1999年份所釀製的羅曼尼・聖維望（Romanee Saint- Vivant）。

提到羅曼尼・聖維望，每一位喜歡布根地的朋友都不會陌生。這個酒莊位於號稱「布根地紅酒麥加聖地」美譽的馮・羅曼尼酒村（Vosne-

Romanee）之中（至於享有「布根地白酒麥加聖地」之稱的酒區，當然是指南部的夢他謝酒村）。

羅曼尼酒村僅有120餘公頃，分割成十六、七處酒區，但處處是名園，都是寸土寸金，人人耳熟能詳的康帝酒莊、樂花酒莊，在此都佔有一席之地。酒村中僅有五分之一，即25公頃屬於頂級酒區，產釀七款頂級美酒。能夠列入這馮．羅曼尼酒村「七大名酒」者，每一款都能夠納入世界美酒之林。

七大名酒中有一款美麗名稱的羅曼尼聖維望，佔地不到十公頃，但是卻是位在鑽石園區－康帝酒園東鄰斜坡下。雖然屬於此「七大」名酒中產量僅次於伊瑟索，算是比較容易品嚐到，但實際上要品嚐一瓶也不容易。依據當地頂級酒的產量法定規定，每公頃最多只能生產三千五百公升，約是五千瓶左右，所以這十公頃的聖維望，最高法定產能可達五萬瓶，但這只是紙面與法定數字而已，這酒莊大概都只能釀製半數多一點。就以2008年的統計為例，全部聖維望僅生產23700公升，裝成32000瓶。而其中半數以上的產量則是出自康帝酒莊，這因為康帝酒莊本身便擁有接近一半（五公頃）園區，所以外界能品嚐到本酒，泰半出自康帝園。我也是如此才多次驚艷到本酒的奇妙滋味也。至於另外還有十個酒莊也釀製聖維望酒，但土地都在一公頃以下，產釀多半在一、二千瓶上下，甚至僅有數百瓶而已，真的是只有「聞其名、想像其味」罷了。

就以最令我懷念的這一款羅伯．阿諾酒莊為例，本酒莊成立於1858年，在本酒區也算是歷史悠久的私人酒莊。經過了百餘年五代人的努力，終於達到目前總共有145公頃，在布根地各處都有小園區，能夠釀製十五款各種美酒，包括頂級、一級及鄉村級在內。本園釀製的幾款頂級酒，都是小批量，且全部用全新法國橡木桶陳年，因此都具有最典型與細緻的布根地頂酒風味。

我找到資料，了解到現任的莊主拉秀（Pascal Lachaux）的釀酒哲學。

拉秀是在1995年由岳父－即羅伯．阿諾處，繼承到本園。接掌後拉秀便以最嚴格的態度釀造出「最自然的葡萄酒」。拉秀認為：釀造一瓶美酒的絕對關鍵，便是葡萄。其他一切的工藝技術皆屬次要。因此，他在葡萄成長過程嚴加管控，只要成長不佳的葡萄一律摘除。採果後更要保持葡萄的完整避免受傷，直到壓榨為止。發酵過程不僅要遵照自然動力法，以一定的星辰運行與時氣為依據，甚至在浸皮、發酵時的翻攪，也不用一般酒莊的上壓法，而是用幫浦的上下循環，避免傷及果實⋯⋯，同時也不講求過濾等，以獲得最自然與純正的風味。

在這種近乎理想主義式的堅持後，本園的頂級酒都是酒客們人人想一親芳澤的對象。我最早聞知本園的聖維望，乃是由陳大法官在第一版的「稀世珍釀」中，介紹聖維望酒時，除了康帝酒莊的聖維望酒為主角外，他還特別介紹了一樣是昂貴至極的樂花酒園聖維望酒，以及另一款的阿諾酒園聖維望。當時書上特別介紹了阿諾酒莊的聖維望酒園區。這個酒莊雖然有145公頃的土地，算是布根地的大酒莊，但是在聖維望酒區，則僅有小小的35公頃。但地理位置甚佳，左邊離天王酒園的羅曼尼康帝，只隔著一個0.5公頃的彭頌園（Poisot），風土條件幾乎一致也。全盛時期的年產量可達到2千瓶的規模。而當時「稀世珍釀」的介紹時，其平均葡萄樹樹齡已高達七十歲，已經到了樹老果疏的程度。二十年後的今日許多葡萄樹大概都已更新，目前的年產量甚少，都在幾百瓶之譜。

然而，我卻一直到了今年十月中旬我有一趟香港之行，我有一位新加坡美食專家，也是美酒評論家Ellen小姐的好友送給我一瓶99年份的本園佳釀，我才有品嚐的機會了。本來朋友讓我們倆晚上在飯店時一起享用的，但嗜品酒如命的我們兩個人等不到晚上就迫不及待的打開酒來品嚐，而飯店還特地請服務人員來為我們做開瓶。

當瓶蓋一拔開，頓時香味四溢⋯⋯充滿了整個房間，真的不誇張，因為真的太香了，隔著好遠我就能聞到酒的香氣。而且這支酒層次豐富，味道口感細緻，有著濃郁草本味，夾帶著東方香料、巧克力、莓果、皮革、等等錯綜複雜的氣味……

讓我感到驚艷及印象深刻的原因則是因為這是第一次我在葡萄酒中體驗到杏仁味。果然聖維望酒被認為是七大名酒中最纖細、充滿著花香，以及女人味，入口後絲綢般的柔美，毫無其他頂級布根地常見的陽剛氣息－例如香柏罈或是伏舊園。

這真的是讓我感到太訝異、太神奇了，所以這是我近期來最讓我感到驚艷、並印象深刻的一支酒。直到現在，我還是覺得它實在是太香、太好喝了！

當時飯店外正是強烈颱風侵襲香港、且刮著8號風球，到處風雨交加、雷電齊鳴，但卻是提供了我們一個絕妙的品酒環境：一邊品嚐著這支美酒，感覺到它優雅細緻的口感滑入口中，層次豐富而且不斷的變化，讓我的味蕾感受到前所未有的幸福。我們一面一再的啜飲、一面發出驚嘆，夾雜不時由外面傳來風雨的怒吼聲，彷彿天然的交響曲來佐酒，豈不是人生一場難忘的品酒盛宴？

A u t h o r

何 敏 業

小姐

朋友間習暱稱「小燕子」，個性活潑開朗，對美酒美食、藝術、旅遊都有極深的興趣，也是輝宏百大酒窖的學生與常客，由於個性溫和，人緣甚佳，經常在品酒會會中使人如沐春風。現在除品賞美酒美食外還從事金融投資與產業管理業務。

嗅覺與視覺的震撼

1985年份美國文藝復興酒

林冠州

喝過的好酒很多，但要說到令人印象深刻、觸動心弦的一款酒，還真的不是一件簡單的事。

循著陳大法官新民老師所著、也被酒界視為權威巨著的《稀世珍釀》中所品介的各款名酒，我在若干機緣下，按圖索驥地品嚐了不少美酒。有些數量稀少、有些價格令人咋舌！葡萄酒世界最昂貴的前三名：賈耶（Henri Jayer）、康帝酒莊，以及樂花酒園的紅頭酒固然是好，且好的如夢似幻、無可挑剔。布根地世界的森林花草芬芳以及細緻娟秀的口感，著實難以取代；至於波爾多的級數酒世界，我也有幸參與了2011年由陳立元大哥主辦的40款1982年平行品飲大會。在2015年後，自己也籌辦了超過20場的級數酒平行品飲，從世紀年分2005年一路喝回1990年，五大酒莊與超二級的壯麗景色，也令人難以忘懷。

即便如此，對我而言，能使我感動的美酒，卻不在這些夢幻清單之中。

感動，一定要能與個人主觀的經驗結合，而且在多年以後，仍給予自我極大的啟發與鼓舞。對我而言，這款酒是來自於美國「文藝復興」酒莊：（Renaissance Vineyard & Winery）所釀製的1985年份卡伯耐．索維昂頂級酒（Cabernet Sauvignon Reserve）。如果是孔雀騎士團的朋友，一定對這瓶酒印象深刻。

大約6年前，酒界耆老曾彥霖老師辭世，原本要向老師請教我的1985年生日年分酒，卻無機會。然而就在孔雀結束清倉時，偶然發現了這批1985年的文藝復興酒，全都是1.5L大瓶裝，最特別的是，在酒瓶的後面，有極為特別的彩色浮雕，這是台灣本土畫家楊成愿先生的作品，這批酒當時是在美國酒莊確認好浮雕樣式與品質後，才特別生產酒瓶，再販售給台灣，可以說是一場美國與台灣的國民外交，也是一場向美國酒莊宣揚台灣藝術的壯舉。

畫面上有台灣最經典的象徵圖案，寫有Formosa字樣的台灣地圖、台灣水鳥、植物以及都市，色彩鮮明生動，幾何的樣式以彩色雕刻的形式呈現，非常的微妙。畫家楊成愿先生生於1947年花蓮，是台灣代表性的超現實主義畫家，台中美術館至今都有他的典藏作品。

在Hugh Johnson & Jancis Robinson的<世界葡萄酒地圖>舊版中，文藝復興是一款在加州產區推薦的名酒，也是唯一一款來自North Yuba A.V.A.而可與其他後來的加州膜拜酒相提並論。很可惜的，酒莊大約在2003年後關廠，改為國家保護公園，之後便消失匿跡。

文藝復興酒莊成立於1978年，酒莊位於加州Yuba County，約是Sonoma County 往東北邊一百公里，或加州首府 Sacramento北邊約六十公里的地方。酒莊所在的 North Yuba 也是美國葡萄酒的A.V.A.之一，這個佔地約 7800公頃於 1985 年正式被列入A.V.A.中。而 文藝復興酒莊是該區中最大的酒莊，以生產卡伯耐．索維昂、希拉、格納西（Grenache）、維尼爾（Viognier）與羅珊娜（Roussanne）品種之葡萄酒為主。

我曾喝過多個年份的文藝復興酒，大瓶裝的1985年是品質最穩的一款，當時品飲大約是2011年，文藝復興已有26年，理應是老酒的狀態，但是每次品飲，都覺得架構感十足，尾韻的丹寧還能再讓他再陳年5~10年沒有問題，只可惜木塞漏酒的情況較為嚴重，所以當時並沒有決定繼續陳放。

我們常常在熟成波爾多中感受到美好的第三級香氣，那種成熟水果結合雪松、土壤氣韻的時光滋味，在文藝復興酒中都能感受的到，文藝復興酒確實有一部分與級數酒的風格很相似，只是水果的表現上，更為可口奔放，在尾韻的丹寧感則還未柔化，有種違逆時光奇妙錯覺，這樣的感覺，在我後來經歷了40款1982年份的各款頂級酒平行品飲後，才徹底了解到：這是只有在絕好年份才能賦予的丹寧感！1985份的文藝復興酒卻有這樣的相似表現，在我回憶之時，才突然感到非常的驚訝與敬佩。

雖然巴黎品酒會（Judge of Paris）已經證實美國酒與法國同樣具有陳年實力，但是在多數愛酒人的腦海中，仍然有美國酒陳年並無看頭的刻板錯誤印象，實際上，在老酒市場中，法國的級數酒與布跟地相對好尋得，但對於美國與澳洲的老酒，卻相當少見，因此也鮮少有人能體會美國酒陳年後的風味以及其驚人的陳年實力。

對於文藝復興酒，除了風味的美好迷人，這款酒對我個人還是有很深的意義，每每令我想到初學葡萄酒時的孔雀騎士團，2011年之前的品酒活動並沒有現在蓬勃發展，當時就只有一個孔雀品酒教室最為人所知，我在離開孔雀騎士團後，也一直希望能重現當時的品酒教室光景，不斷地舉辦各種活動，如今回想，也不知有沒有突破100場？終究對於過去的黃金時代（Golden Age）的憧憬，想要圖一個「文藝復興」的美夢。

在曾老師去世後不久，台灣侍酒師協會第一次派出代表去參加世界侍酒師大賽，與我同年的何信緯（Thomas Ho）先生在當時便代表台灣出賽，初賽在馬來西亞，Thomas以沉穩的表現取得了積分第一名，卻因台灣當時並非會員國，使得Thomas只能以第二名居次，在頒獎台上，第一名的選手似乎不能接受這樣的結果，當場作勢要將獎牌讓給Thomas，但終究不符合規定，不能如願。這可看出第一名選手的風度，充分表現出真正侍酒師應當具有的實事求是、以及誠實的品德！

有趣的是，在返國之後，當時取得獎牌的選手，竟然將冠軍獎牌寄回台灣，並且邀請Thomas來馬來西亞擔任國家侍酒師大會的評審，這有如電影情節的劇情，實在是一段酒界佳話。

Thomas在回國的講座之上，我便將一瓶1985年份的文藝復興酒贈予他以示祝賀。非常巧合的，他與我同是1985年出身，他看到這年分也感到相當驚訝。特別是酒標的後邊有一個刻有台灣圖樣的浮雕，因此，我特別在木箱上寫著「台灣之光」，實在是再適合不過了！

1985年份的文藝復興酒，除了讓我第一次體會美國酒的陳年實力外，也是承繼了我初學品酒的過往回憶。而酒莊的關廠命運，似也象徵世事已去，不可回復。但我將之贈與Thomas，除了可以一同分享這美妙的風味外，彷彿讓這款酒有了向未來開展的美好想像。

如今，這款酒都被我喝完了，但當年我在瓶子上寫的大字仍未退去：「莫忘初衷」！

Author

林冠州
Oceanus Lin

在就讀銘傳大學法律研究所時，便對葡萄酒產生興趣，並在陳新民大法官指導下，完成碩士論文的撰寫。同時，在課餘時，曾協助新民大法官撰寫《酒海南針》及增訂新版《稀世珍釀》，增廣不少知識與見聞。離開大學後積極從事葡萄酒的品賞與推廣，曾擔任酒訊雜誌WSD酒展、大潤發集團、法國食品協會Sopexa酒展評審，以及英國葡萄酒與烈酒認證WSET儲備講師、橡木桶品酒教室、Epson、大師房屋、信義房屋等各大企業品酒講師。

分享是最甜的記憶

2011年份蘇玳產區的瑰瓏酒

張家珍

時在2015 初秋某夜：

我站在舞台上，享受著聚光燈的溫熱與觀眾讚嘆的眼神，隨著音樂的旋律，時而旋轉、時而重踏，一首又一首，我已跳到筋疲力盡，那種虛脱感就像是背著重裝爬上 3800 公尺的高山般，一呼一吸間沒有任何停頓，缺氧的不只是身體，更是精力投射後內心的空洞。身為舞者，我好似學不會舞台人生的從容與瀟灑，這一晚，觀眾的笑容依舊在腦海飄蕩，身體的疲累已無法形容，我只想窩回被舖裡，靜靜的獨自休息。

電話響起，友人邀約一同參與當晚的法國美酒品酒會，也許是情緒低落需要酒精麻痺的謬論作祟，我起身，抓了件針織外套，出門赴約。這個決定，將我帶進從未接觸過的全新領域，我開始摸索學習，試圖在時空背景遼闊的葡萄酒文化裡，找到一縷線索，到底，大家口中所謂的好酒是什麼？

品酒會的尾聲，酒足飯飽，接近午夜，許多賓客已經提早離席，我望著侍酒師正在整理吧台上凌亂的酒瓶。在他手上那琥珀金黃色的液體著實吸引了我的目光，伴隨著輕柔的法國香頌，微醺的我踩著搖晃的腳步湊近侍酒師的身邊，簡單寒暄後，侍酒師直接先倒了一杯要我品嚐。我輕輕的在杯緣吸了一口氣，有點遲緩的鼻子首先辨認出這一定是款好酒。為什麼呢？撲鼻的香氣裡，我分辨出糖漬的鳳梨與柑橘的甜香，還有杏桃與百合的蜜香，這是榭密雍（Sémillon）特有的香味；接著舌尖感受到的一縷果酸與蜂蜜的香甜形成完美平衡。當它滑過喉嚨，鼻中仍然充滿了熱帶水果的甜蜜香氣，舌根卻感受到了一點酸苦，毋庸置疑，這樣矛盾又豐富的體驗，正是蘇玳產區貴腐酒的特色。

說蘇玳產區的葡萄酒是上帝的恩賜一點也不為過，因為貴腐菌非常嬌貴，不是在任何葡萄園都能出現和傳播，它的生成需要一種獨特的微型氣候——早上潮濕陰冷，水氣充足，下午乾燥炎熱，陽光直射。早上潮濕的氣候有利於貴腐菌滋生蔓延，當葡萄被貴腐菌感染，菌絲會侵入葡萄皮吸取葡萄內部的水分與養分，使葡萄變得乾癟；中午過後的乾熱天氣又開始抑制貴腐菌生長，葡萄果粒裡的水分從感染處的小孔蒸發脫水，糖分濃縮，成為甜度相當高的葡萄，釀造出來的酒當然十分甘甜。

貴腐甜酒的珍貴處在於天時地利人和，首先必須確保葡萄穩定成長至貴腐菌附著，如果當年氣候不佳，沒有充足陽光而過度潮濕，受細菌感染的葡萄容易因過度腐爛而無法使用；除了氣候外，每一串葡萄感染貴腐菌的程度不一，必須分批手工採收，這些葡萄一經採收就開始壓榨發酵，但由於乾癟的葡萄水分極少，很難壓榨出汁，因此釀造過程緩慢而漫長，必須使用非常大量的貴腐葡萄，才能釀出一點點的甜酒精髓。在採收時還要把握好葡萄感染貴腐菌的程度，一串串皺巴巴的青紫色葡萄就像一片片淤青，上面還泛著一層灰白色的霉菌，即使是經驗老道的葡萄酒農，也不易把貴腐菌和灰霉菌（Grey Rot）分辨出來，如此就知道它有多麼彌足珍貴。全球各方面條件都能達到這樣要求的產區可謂鳳毛鱗角，而蘇玳產區卻正是為貴腐菌而生。

侍酒師手上的貴腐酒來自於 2011 年份法國波爾多蘇玳產區的瑰瓏酒莊（Chateau Grillon），該酒莊從 18 世紀就開始生產貴腐酒，四代持續經營，品質穩定。酒莊主要的葡萄品種是榭密雍（Sémillon），同時還種植少量白蘇維濃（Sauvignon Blanc）。白蘇維濃可以為貴腐酒帶來更高的酸度和芬芳的果香，而與酒中極高的含糖量相互平衡，形成完美的結合。官方資料顯示，瑰瓏酒莊的貴腐酒帶有柑橘類水果（檸檬）、果核類水果（桃子）和貴腐菌的特殊風味，有時還會帶有淡淡的橡木味（香草、土司和咖啡等），久經陳釀的甜酒還會發展出層次復雜的植物味，與價值上萬元的特級酒莊狄康堡而言（Chateau d' Yquem）相較，瑰瓏酒莊的性價比確實讓價格回歸到價值本身，雖彌足珍貴卻平易近人，單品或與美食相伴，都有不錯的表現。

眾多的葡萄酒中，我最鍾情貴腐酒，尤以法國蘇玳產區為首選。當然除了女孩兒喜愛的甜味，還交雜著品酒會當天的氛圍，疲累的身體依舊跟著音樂擺盪跳舞，美食美酒以及侍酒師賜我的特別服務。這一晚，舞台亮眼的主角不是我，侍酒師與貴腐酒成了我心中的大明星；也許正是侍酒師的分享，成就了這支酒的甜味；也或許是貴腐酒的金黃層次，閃耀了侍酒師的溫暖笑容。舞台人生如是，分享才是最甜的記憶。

Author

張家珍
Kat Chang

資深舞蹈家，曾在美國學習舞蹈多年，返國後曾在數所大學院校中擔任舞蹈教學工作，尤其擅長踢踏舞，經常應邀出席國內外的舞蹈演出，是國內最著名的踢踏舞專家，自從有機會與煇宏品酒後，便對美酒世界感到莫大的興趣，品酒功力日增，目前除了活躍於國內外踢踏舞創作、演出與教學外，還擔任某大電子科技公司教育訓練部門主管。

2007年赴美國紐約深造，主修教育，回台後積極投入企業培訓教育人才。目前為蘋果電腦教學部經理。

凝結時空
只存美好

1996年份的拉菲堡

陳瑩真

你第一次喝酒是幾歲？我是5歲。

別驚嚇，這不是什麼未成年飲酒或是家中有人酗酒這些不合理的故事。小時候因爸媽工作繁忙，便將我託付給住在基隆的奶奶照顧，爺爺過世的早，堅強而勤奮的奶奶也習慣了基隆的生活環境與步調，不願意搬到台北與爸媽同住，於是在我到台北念小學之前，便與奶奶在基隆過著開心無憂的生活。

那麼，為什麼會在5歲時喝酒呢？奶奶是福州人，平時喜歡做手工燕丸、光餅、紅糟魚、福州乾麵等家鄉料理，除此之外，還會釀一種「嗆菸酒」，這其實是聽奶奶的福州話發音，正確來說，奶奶做的是自釀的「福州紅糟酒」，用糯米、紅糟、酒餅釀製，熟成大約需要一個月的時間；由於平時只有我跟奶奶兩人一起住，酒釀好後開罈，奶奶便用小湯匙舀一點點紅糟酒讓我試試，確切的風味已不復記憶，但這款酒開啟了我成長後的飲酒之路。

福州紅糟酒雖然不是令我印象最深刻的酒，但卻讓我發現自己對於酒類的接受度很高。18歲前的飲酒經驗不多贅述（未成年請勿飲酒），時間來到大學以及剛畢業出社會工作時期，當時就像金鼎兔子般精力旺盛，經常與朋友、工作夥伴一同飲酒作樂，啤酒、葡萄酒、威士忌來者不拒，仗著自己有一點酒量，「酒來就乾杯」，也累積了不少喝醉的趣事，當年的我，根本不懂得什麼叫做「品酒」。

後來一次的機緣，當時的主管 Stephen 加入了我們的聚會，斯文優雅的他除了歌聲美妙，對於葡萄酒也相當有研究，由於他剛加入，只聽聞我們愛喝酒，卻不知道我們根本不懂酒，於是便（糊塗的）帶了1996年份的法國拉菲堡（Chateau Lafite Rothschild）。只見他在音樂震天價響的錢櫃包廂內，緩緩地拿出自己帶來的 Riedel酒杯，熟練地注入紅色酒液，「你們品嚐看看，這個年分被Robert Parker 評為100分……」他在說什麼？我一點兒也聽不懂？誰是Robert Parker？拉菲是什麼？當時的我連五大酒莊在哪裡，都不知道。

我只知道，這杯酒實在太好喝了，跟我以前喝過的葡萄酒完全不一樣……因為實在太好喝，於是我就按照慣例的一飲而盡，接著再從他手中把酒拿過來，一下子倒了半杯「Stephen 謝謝你帶來這麼棒的酒，我再乾一杯！」我豪爽說著這些話，只見他冷汗直冒、臉色蒼白地說：「酒不是這樣喝的！」

接下來的時間，他在喧嘩的包廂裡教我：葡萄酒應該怎麼喝、酒倒到杯子的什麼位置才正確、拉菲的花香、果香突出，芳醇柔順，有酒中皇后的美稱……很奇妙的是，以前我會覺得飲酒作樂的場合幹嘛聊認真嚴肅的話題，但是當天，我聽得入神，點的歌也不唱了、也不與其他友人嬉鬧，我跟其中一位好友 Alicia 兩人是在場唯二聽 Stephen 講解葡萄酒的人，如果想像成是電影場景，那麼周圍的人群景物快速流動，但我們三人的時間彷彿慢了下來。

發現我與 Alicia 對葡萄酒有興趣，接下來的日子 Stephen 便帶著我們開始品酒，舊世界、新世界、葡萄酒與香檳怎麼開瓶、杯子怎麼挑選⋯⋯真真實實的將我與友人帶進葡萄酒的美妙世界，後來我也因為媒體工作的關係，開始採訪酒，進而認識了威士忌、精釀啤酒、日本酒、調酒等各式各樣的酒款，正式與酒結下不解之緣。

由於實在太喜歡葡萄酒了，在媒體工作了幾年之後，我還主動向曾經採訪過、我非常尊敬的茂世酒業奚大寧董事長毛遂自薦，希望可以進入酒商工作，更深入、更完整地學習領會葡萄酒的知識。透過一次又一次的品飲、一場又一場的品酒會，我發現自己最愛的酒是──香檳。細緻的氣泡、優雅的口感、均衡的酸度、烤麵包的香氣，到現在我都不敢相信世界上怎麼會有這麼美好的東西，Bollinger 酒廠的傳奇人物 Lily Bollinger 說：「我開心喝香檳，難過也喝香檳。有時一個人自己喝，有朋友相伴時更是要喝。如果不餓，就慢慢啜飲，要是餓了，絕對好好喝上一杯。除此之外，不碰香檳，除非，是我渴了！」

雖然香檳價格很高，我也無法每天喝香檳，但是每一次我喝到香檳，那種喜悅滿足的感覺，是這世界上所有酒類、所有飲料都無法取代的。

Dom Pérignon、Krug、Salon、Bollinger、Perrier-Jouet，我第一次喝到這些香檳，也是領我進入葡萄酒世界的 Stephen 分享的，後來在酒商工作期間，奚大寧董事長也讓我負責旗下的香檳品牌──Alfred Gratien，走筆至此，手邊雖然沒有香檳，卻彷彿跳入了氣泡的旋律中，翩然起舞，看來「望梅止渴」所言甚是。

現在的我，有很多品嚐好酒、喝香檳的機會，尤其在認識黃老師以及陳大法官之後，更是如搭上火箭般，迅速奔向世界名酒的浩瀚宇宙，黃老師的大方、大法官的熱情，以及兩人對於葡萄酒的專業知識，如同海洋般廣闊，也讓我能夠用更謙虛的心，去品嚐、去尊敬每一杯酒。我也成為了那個「到錢櫃唱歌會自己帶杯子」的人，李白說得好：「鐘鼓饌玉不足貴，但願長醉不願醒。古來聖賢皆寂寞，惟有飲者留其名」。

我想，能夠在這樣的年紀、這樣的時刻認識那麼多的美酒，我是多麼幸運、以及受到上帝眷顧的人啊！

喝了1996年份的拉菲堡，怎麼會不令人想像同樣是精采的1982年份的拉菲堡?

Author

陳瑩真
Kelly Chen

曾在各媒體擔任美酒美食記者，耳濡目染之際，也熟習品賞與收藏知道。目前且跨足精緻產業、擔任Stuff科技時尚誌主編、U-Taste網站品酒生活線資深記者，也是輝宏百大葡萄酒窖的常客，在國內各酒商舉辦的美酒品賞會上，經常可以看到作者的芳蹤以及作者的報導，堪稱國內美酒評論界的重要人士。

葡萄酒、認識黃老師、大法官，實在是相遇在最好的年代！

驗證「世界紅酒第一桂冠」

1970年份羅曼尼·康帝品賞記

葉匡時

我對美酒的淵緣，源遠流長。這是因為家庭的因素所然：家母在1955年由大陳島撤退來台。大陳島隸屬浙江台州，不僅海產豐富、成為美食之鄉，同時飲食習慣與地緣關係都距離紹興不遠，家家戶戶多少學會釀製黃酒的絕活。家母便是其中的佼佼者，從小耳濡目染，由淘米、研磨、蒸煮、下麴、發酵、壓榨…都嫻熟如煮飯炒菜般。家母來台後，每逢秋風起，經常應同鄉朋友之請，當然有時也會一時手癢，釀出幾缸味正芳醇的台州黃酒，在當時的台北大陳同鄉圈內，可是大有名氣，人人爭先品嚐的家鄉美酒也。

我從小就由偷吃酒釀開始練出一肚子的酒膽與酒量。對黃酒的鑑賞力也頗有自信。當時，這些是被稱為「私酒」只能自用不能販賣，可以看出國家對菸酒的產製採取嚴控政策，人民既然不能自由釀酒，那麼進口酒類的自由當然受到嚴格的限制，我在台灣完成大學學業之前，一方面是經濟因素，另一方面是國情使然，根本沒有機會品嚐到外國的葡萄酒，因此，對於葡萄酒的滋味，只能夠由古人的詩詞：「葡萄美酒夜光杯」，或是許多外國人的著作中能夠遙想一二。

我開始接觸到葡萄酒的美味，乃在1983年，我由美國德拉瓦大學獲得公共行政碩士學位後，轉赴卡內基美崙大學（Carnegie Mellon University）攻讀博士學位，讓我有機會邂逅了葡萄美酒，但我是在遭遇窘境時，發現了葡萄酒的美妙。話說我在博士班報到後第一個月，一位美國同學特地舉辦一個品酒會來歡迎新生，這是我人生第一次受邀參加葡萄酒品賞會。本以為只是輕鬆的喝幾款葡萄酒、聊聊天的談話會，所以我穿著隨便、態度輕鬆準時到場，沒想到到場一看，人人衣裝筆挺、女同學也精心打扮，顯然是一場正式與講究的盛會。本來我當時對wine只是認為會發酵的飲料而已，葡萄酒與黃酒大概滋味差不多，喝多會醉、會吐，或是頭痛。沒想到一字排開的紅白酒卻有十餘種之多，每種滋味各不同。我忙著品試各款酒，不顧旁邊主辦同學正在滔滔不絕地介紹葡萄種類、產地、夾雜著其他懂酒同學的七嘴八舌。不過，就是我專心聽講也沒有用，因為，如鴨子聽雷，我是一句都聽不懂，只能夠猛灌美酒、猛吃小菜。還好主辦的同學一定是類似酒會的老手，一眼看出我是菜鳥，也就沒有詢問我太多對該些葡萄酒的「個人意見」，讓我沒有出洋相的機會。

從當時開始，我就給自己下訂一個「雄偉的」決定：即使博士論文寫作困難，本人一定要向美酒世界挑戰與邁進。下了這個「偉大」的決心後，讓我一頭栽入了葡萄美酒世界，不斷地探索，不覺之間已過了近35年。

我對美酒的態度是開放、愛好的對象更是很廣泛的，我自認是很典型的「愛酒之徒」（A wine-lover）。自小喝慣了黃酒，我情有獨鍾，長大後隨著開放大陸探親，我對大陸的各種紹興黃酒、白酒，當然不會放過，幾乎黃酒世界我少有遺漏者。至於，在台灣讀書及服兵役時，對早已不知大醉多少回的金門高粱等中式白酒，我更是在大陸參訪、朋友餽贈之際，幾乎遍嘗殆盡。我也多方收藏，收藏最多時也有數百瓶之多，常常引起朋友們的「不當覬覦」。若問起，我最喜歡的白乾，我還是選擇號稱「大陸國寶酒」之稱的茅台也。

至於葡萄酒的收藏便是我最弱的一項，第一個因素當然是「備多力分」，我必須分配一些預算在購置金門高粱及其他白酒，第二重要因素則是台灣的氣候對體質纖弱的葡萄酒不易保存，若無專業的酒窖或儲酒櫃，在常溫下最多保存二年就會變質。但一般家庭怎可能購置太多儲酒櫃，更不可能有另闢酒窖。

幸而我的好朋友間有許多藏酒甚豐、也慷慨大方者，讓我經常有品嚐到美酒的滋味，例如：收藏界著名的陳立元，百大葡萄酒的黃煇宏兄，以及大法官陳新民兄等。由他們親切與博學的交流中，也豐富了我對酒學的視野。

每一次回想到這幾年來最讓我興味盎然的品酒經驗，有兩次。第一次是在20年前，當時我尚任教中山大學開授EMBA班。班上同學泰半是本地事業有成的企業家，雖然生意手法一流，各個腰纏萬貫，精通美食，但卻沒有一個了解葡萄酒。鑒於這些大企業家學生有許多國際商界交流的機會，我認為他們應當具備最起碼的美酒鑑賞本事，更能夠與國外高級商圈人士水乳交融。因此我特別為他們開設美酒欣賞課程，我當時邀請專家由台北專程南下給同學們上課。其中一次高潮是我邀請了收藏美酒極豐的陳立元兄進行一場極為精彩的課程，他帶來了收藏多年的加州美酒，全班同學自始都迷上了美酒。很快的，甚至形成了「港都的葡萄酒熱潮」。有幾位同學甚至在讀完EMBA後開始進口葡萄酒生意。可見得本班，以及立元兄這場演講與品酒會的精采。

在講完該堂課後，立元兄特別拿出幾瓶他最擅長的加州頂級酒來予同學品嚐，並逐瓶講解。我猶記得是號稱美國最難找到的一款酒－出自於鑽石溪酒園（Diamond Creek Vineyards）在一個僅有八公頃大的小酒園，又分成三個小園區，其中最小的一個「湖園」（Lake）面積只有0.3公頃，每年釀製最多1500瓶上下。由於量少價昂，在著名的「嘯鷹園」（Screaming Eagle）還沒問世前，湖園長居美國最昂貴的頂級酒之列。我也是久聞其名，直到當時才有機會一試：果然是單寧極強，但柔順的口感與豐富的漿果與糖果味，真是果香四溢也。

另一場更令我回味再三的美酒盛宴是在一年多前，那我甫交卸了服務多年的交通部職位，應邀到香港演講，會後承蒙一位本地金融界的多年好友，特別召集幾位喜好美酒的同好替我接風，並要求各攜一瓶佳釀到場共襄盛舉。當各款美酒羅列在飯桌上，我的腦筋為之一振彷彿被鐵鎚擊中：行列中竟然出現1986拉菲堡，1979年的瑪歌堡，這些都是酒客們夢寐以求的逸品。但是當主人從紙袋拿出壓軸品時，現場先是一片沉默，而後如雷掌聲：原來是一款1970年份的羅曼尼・康帝。

有這款大名鼎鼎的「稀世珍釀」壓陣，我們對於當天的拉菲堡或瑪歌堡、甚至整桌美食佳餚，都沒有動心，注意力全部集中在羅曼尼・康帝之上。主人非常識趣的沒有吊我們的胃口，把這瓶酒放在第二款品試的次序上。一向好客大方的主人此時變得十分嚴厲，每人嚴格分配分量，絕對不許多喝，以免引起暴動。

當這一瓶已經有接近半世紀歲月之久的羅曼尼・康帝，在眾人急切盼望的注視下，緩緩流入酒杯之中，呈現亮橙紅色的酒液，立刻散發出極為清晰的、綿柔的烏梅、柑橘香氣以及淡淡的中藥當歸、乾葉、木材的老味。果然是典型的成熟老黑皮諾葡萄的特殊味道，除了老的義大利巴洛洛酒外，世界沒有其他葡萄酒能有如此令人一聞而知的香味。

我對這款酒的「柔功」感動至深，至今不忘。它不僅口感綿密、細緻，但仍可感覺到酒精的活力，我想起了「綿裡藏針」這句成語來形容其「柔中有骨」，這也讓我應證了多年來我由酒界中所聽到關於羅曼尼・康帝的優點與特點：一定不要在20年內品嚐此酒，否則糟蹋了其特性。本酒可以被稱為世界第一佳釀，我由這一瓶問世接近半百的美酒，依然如此芳華正盛，至少還有陳年十年以上的實力，可以驗證此傳言的正確也。試想當年，與此瓶同時誕生的全世界葡萄酒，有數以千萬瓶計之多，如今幾乎全部已灰飛煙滅，存活的幾稀？更何況本酒居然還能在此發揮誘人與傲人的魅力，「世界第一美酒」的桂冠，羅曼尼．康帝當之無愧，我也樂於為此作證也！

羅曼尼・康帝公爵銅版肖像。

Author

葉匡時
先生

早年畢業於美國卡內基大學，獲博士學位後，返台後擔任高雄中山大學企管系任教接近20年，培養學生無數。由於對於公共行政與企業管理的嫻熟，被馬政府延攬出任公職，歷任行政院研考會副主委、交通部政務次長、部長。2015年離開公職後返回國立政治大學重拾教鞭。葉教授為人開朗、風趣熱忱，學富五車，交友廣闊，甚獲學術界同仁及學生愛戴。除教學研究外，且對美酒、美食、旅遊有甚大的興趣，生活充滿生命力及品味！

與德國熱克教授共賞法國隆河傳奇酒「LaLaLa」的回憶

1999年份慕林的美麗邂逅

邱韻庭

黃煇宏老師曾說過一句名言：「好酒是給有緣人喝的」。德國著名法學教授，同時也是德國最大的葡萄酒收藏家熱克教授（Prof.Dr.Dr.Franz Jürgen Säcker），便是一個具體實踐這句名言的代表性人物。

談起熱克教授，台灣的酒迷們並不陌生。在華人的葡萄酒領域當中最有名的陳新民教授的《稀世珍釀》三部曲〈撿飲錄〉，就是獻給這位為人慷慨，令人尊敬的好朋友。這位年過七旬的老人家，總是充滿活力與能量，不但在德國法學界聲名遠播，桃李滿天下，在葡萄酒的收藏方面更是豐富，甚至有些世界著名酒莊要辦垂直品酒會時還必須向他借調，例如：隆河最有名的「小教堂」紅酒，前幾年要在德國柏林舉行一場1945年以來的垂直品酒會，就是由熱克教授的酒窖中，取得幾十年份的藏品（而且每年份不只兩三瓶而已）來做品嚐，由此可見熱克教授對於收藏美酒數量之豐及對葡萄酒的興趣與專業並不亞於他的法學本行。

熱克教授每年受陳新民教授之邀來台，藉著做一兩場法律講座之便，與酒友們聚會，總會帶來價值超過幾十萬的世界頂級珍藏美酒與大家分享。這幾年當中他帶來的有：2013年帶來歐布里昂堡的十個垂直年份；2014年帶來拉圖堡的九個年份；2015年帶拉菲堡十個年份；2016年帶來西班牙維加西西利亞的十二個年份；以及去年帶的積架酒莊（E.Guigal）的十一個年份⋯⋯。每年份造成的轟動可想而知！

我因出差泰國，2016年的西西利亞品賞會失之交臂，遺憾非常，故在2017年一得知熱克教授在九月份要來，早早就將時間預留下來，準備以雀躍的心情來迎接北隆河酒王積架酒莊的LaLaLa酒宴。

品酒界所謂的拉拉拉（LaLaLa），產自「隆河酒王」之美譽的積架酒莊，是帕克大師所著《世界156個偉大酒莊》之一，也是《稀世珍釀》世界百大葡萄酒之一。歷年來有24款酒獲得派克評為滿分100分，派克曾說：「如果只剩下最後一瓶酒可喝，那我最想喝到的就是積架酒廠的慕林園（Cote Rotie La Mouline）。」他又說：「也無論是在任何狀況的年份，地球上沒有任何一個酒莊可以像馬歇爾．積架先生一樣釀造出如此多款令人嘆服的葡萄酒。」整個北隆河，最精華的紅酒產區不外羅第坡（Cote Rotie）與隱居地（Hermintage），當然Cornas也可算在內，但尚難撼動前兩者的天王地位與價格。

積架酒廠最令人敬重之處，在於各個價格帶皆能推出品質優秀的酒款，最初階的隆河丘紅酒（Cotes du Rhone），年產三百萬瓶。三款單一葡萄園頂級酒：杜克（La Turque）、慕林（La Mouline）以及蘭多娜（La Landonne），簡稱「LaLaLa」，在極陡的羅第坡斜坡上，42 個月100% 全新橡木桶陳年，數量稀少，每年只生產4千至1萬瓶，成為全球愛酒人士不計代價想要收藏的隆河珍釀！

2017年九月二十日黃老師在台北最著名的粵菜餐廳儷宴會館為遠道而

來的熱克教授接風，同時也品嚐了LaLaLa的五個年份。杜克（2009）、慕林（1994、2004、2009）以及蘭多娜（2009），其中三個葡萄園的2009年都獲得帕克的100分。前一晚由陳大法官所主辦的歡迎宴，是在具有藝術氣息，曾是臺大教授宿舍的沾美藝術庭苑餐廳舉行，則是集中在慕林（1985、1989、1995、1996、1999、2005）六個垂直年份。其精彩當可想像也！不過，限於人數有限，我只能夠選擇參加第二場的晚宴。

黃老師的宴會當中，我已經參加過非常的多次，他每一次都是精挑細選最好的餐廳和最難得的美酒與大家分享，而參加的酒友們也都會很自動的攜帶一瓶「稀世珍釀」前往共襄盛舉。接風宴這晚我也帶了一瓶世界最好的「白中白」香檳——沙龍（Salon）參加。晚宴開始，首先出場的是主人黃老師帶的金光閃閃黑桃A香檳1.5公升的大瓶裝香檳，馬上引起大家的歡聲雷動，驚豔四座。緊接著上場的是由美女醫師蔡美玲所帶的世界甜酒之王德國伊貢．米勒酒莊的酒（Kainett），是1.5公升的大瓶裝，又是難得一見的作品，這兩款大巨作馬上讓大家進入了高潮。另外，還有一系列酒友們帶來的佐興之酒每瓶絲絲入扣，例如：羅德美食達人帶來的帕克打100分的2009年份的Pontet Canet、何醫師帶來同年份的超二級酒莊Ducru Beaucaillou，同樣也是獲得百分的佳作；「阿雪真甕雞」傳人許大哥帶來的五級酒莊之首，同樣是2009年份的Lynch Bages、美女小燕子帶來頂二級的2005年份Pichon Baron（男爵酒莊），還有右岸的Figeac、L'Evangile、Trotanoy、Certan de May等等，每一瓶都是世界名莊。

熱克教授這兩場積架酒莊的品酒會，最讓我印象深刻的是1999年份的慕林 。這是獲選為英國《品醇客》雜誌所宣稱：此生必喝的100支酒之一！並獲得派克100分，美國葡萄酒鑑賞家雜誌的99高分，是一款實至名歸的頂級佳釀。

我品嚐這一款非常傳奇的酒，其顏色漆黑而不透光，濃厚華麗，單寧如絲，力道深不可測，強烈而性感。濃濃的煙草味、新鮮皮革、黑橄欖、黑醋栗、黑加侖、黑莓、礦物味。酒喝起來感覺波濤洶湧，所有的香氣接踵而來；松露、黑巧克力、白巧克力、各式香料和松木味道。是一支盡善盡美的葡萄酒，只要喝過就終生難忘，可惜的是酒的數量越來越少，幾乎是市面上不見蹤跡。

2017年的這場與熱克教授的葡萄酒邂逅，是我這幾年品酒當中最難忘的回憶，恰逢老朋友陳新民大法官的公職榮退，加上黃老師的不吝邀請，於是提筆自然流露寫下這篇拙作，獻給最敬愛的新民大法官，祝賀他再度回歸自由之身，享受人間美食與美酒，同時也期待2018年3月熱克教授再度來訪，預料將攜來的澳洲與美國老西拉美酒，還會引起台北酒壇的震動，我期待與他和其他酒友開懷暢飲的時刻！

歡迎熱克教授的晚宴，右邊第二位為林伯墀大師。

酒酣耳熱的熱克教授，左起：作者本人、熱克助理Zwanziger小姐、陳瑩真小姐、徐培芬小姐。

Author

邱韻庭
Linda

是一位葡萄酒的愛好者，酒齡將近20年，故幾乎已品嚐過全世界最好的酒，同時，記憶力甚佳，一肚子裝滿美酒的知識。此外，也熱衷旅行，尤其對於知名酒莊，全世界著名酒莊無不見其芳蹤。同時，生性活潑、熱情、善於助人，是黃老師百大葡萄酒莊舉辦酒宴最常見到、也最受歡迎的人物。目前從事有關植牙器材的批發與推廣之業務，擔任崧閎有限公司董事長。

德國白酒第一名園

伊貢・米勒酒莊親訪記

李筱娜

在我浸淫美酒世界30年來我有幸品嚐世界各個名園佳釀，就以白酒而言，無疑的，最令我感動的莫過於法國布根地的蒙他榭，不論是當家主角的蒙他榭或是老二的巴塔・蒙他榭或是騎士蒙他榭，都是當年讓我迷戀在莎當妮美酒世界的主要引路者。未料，大約十年後，我對蒙他榭迷戀的味蕾終於碰到一位挑戰者，正是來自布根地的死對頭產區一波爾多的歐布里昂堡的白酒。

提到波爾多美多區五大名酒中的歐布里昂堡，一般品酒界都推崇其紅酒，但真正的品酒行家所珍惜的，也是最難找到的則是歐布里昂堡的白酒，就以產量的稀少而論，紅酒每年可釀出15萬瓶上下，而白酒僅有2.5公頃，比起紅酒產區的51公頃而言，只有20分之一，年產量不足一萬瓶.無怪乎歐美國家每個大的進口商，每年都僅有以個位數字的配額，而且鮮少有上架販售，早就被熟客所預訂。而出廠時定價一般白酒都是紅酒的多百分之30以上，但經過一兩年後，此差距便開始成倍數增長。所以，布里昂白酒成為乾白世界的寵兒，其濃郁至極的香氣，夾帶著杏桃、核桃、葡萄乾、蜜餞、太妃糖…等，而且變化無窮，特別是酒體的均衡飽滿，隨時充滿著活力與爆發力，則是略顯慵懶、與高雅、但經常有欠缺活力之感的萝他榭家族所不及者。

除了乾白外還有支撐白酒另一半天的甜白酒。在我一踏入葡萄酒世界，尤其是我十分鍾情的美食，多半在甜點時會奉上號稱世界甜酒之最的法國波爾多區南部的狄康堡。的確，在品嚐了一整晚的法國或義大利美食後，盛情的廚師端上最後「甜美結局」的餐後點心，不論是甜點的餐盤擺飾、點心的色澤、造型的雅緻與絢爛典雅，都讓法國美食不愧是世界食藝之最。更重要的是氣氛的浪漫，與中式飲宴場所，臨到最後階段大多是吵雜喧鬧，簡直雅俗立判！這時候能夠與可口又賞心悅目的點心搭配的，泰半是裝在水晶就杯內散發出黃金色澤與濃稠的法國狄康堡，其洋溢著蜂蜜、檸檬與其他熱帶水果與不知名花香的味道，都會將當日飲宴氣氛引到最高潮。因此，法國美食之所以會獲得世界第一美食的桂冠，不在乎食物烹調技術與食材的高明與否，而是整體周邊的考究！——由開啟歡樂之聲的香檳為始，而以芳香與典雅至極的狄康堡而終，這才是一個從頭到尾高潮迭起的盛宴！

但是狄康堡的魅力，終於被我發現了一個勁敵——德國萊茵河地區所釀製的最頂級與最稀罕的「枯萄精選」，這是一個在酒標上會令人（特別是不懂德文的愛酒人士）望而生畏的長長名稱（Trockenberrenauslese），一般簡稱為TBA，多虧大法官新民兄的翻譯《枯萄精選》，得知這是由黴菌侵蝕成乾枯狀葡萄，所釀出來的精選級葡萄酒。這些葡萄已經被貴腐菌（陳大法官譯為「寶黴菌」）蛀蝕成原來體積的十分之一，體內含糖度提升到相對的濃稠與香氣凝聚，釀出來的葡萄酒，濃稠似豐年果糖，入口有如黏膠沾口令人不捨下嚥，記得不少品酒家曾經用「口含炸彈」來形容其入口的爆發力也。

TBA的產量是少之又少，全德國的酒莊不到百分之一的才有本事釀製，且要講究氣候、地理環境，往往多年才有一次貴腐菌的光臨。而有幸生產的年份，多則上百瓶，少則數十瓶，這種數量根本沒有商業經營的規模，以至於德國的TBA除了少數較有規模的酒莊能持續地提供少批量給各國消費外，一般偶有生產的酒莊都是自用（等待家裡有重要節慶之用），不然便是敬奉貴客，這都因素都是形成德國TBA，尤其是名廠TBA一瓶難求的原因。

我在那麼多年的品酒歲月中，有幾次品嚐到名廠的TBA，印象所及最特殊與難忘的一次布克寧．沃夫博士園（Dr. Bürklin-Wolf）的TBA。這是德國萊茵發爾茲的名園，其TBA被陳大法官選入「稀世珍釀」第一版本之中，可惜第二版之後便被其他名園所取代矣。只記得沃夫園的TBA口感的香氣集中，已經讓我體會到狄康堡獨領天下的局面已被打破了。

然而，被世界品酒界推崇為世界甜酒之最，以及價錢之高，足以和「紅酒第一桂冠」的羅曼尼．康帝並駕齊驅，但稀有度更高的德國伊貢．米勒（Egon-M üller），一我自從閱讀到陳大法官的「稀世珍釀」便對其心儀不已。當時「稀世珍釀」（第一版本）的封面便是以康帝與伊貢．米勒兩瓶酒，左右對稱為主角，顯示出紅白兩隻天王巨星在酒界中的崇高地位。

我當然不願意放棄任何品賞伊貢．米勒園珍釀的機會，但只有緣到遲摘級以及精選級的美酒，無緣更進一步品嚐到其最登峰造極的「逐粒精選」（BA）及TBA。但已經讓我對伊貢．米勒酒的酸甜中和、如絲綢般的酒體以及濃厚鳳梨、柑橘及荔枝的香味久久不能忘懷，但是一直無緣品嚐到神話般的TBA。唯一有一次的「擦邊機會」，那是5-6年前品酒界中有一位收藏甚豐、品味甚高，極為大方的麥可大哥，由香港拍回一罐米勒園的TBA，要邀我們幾位仰慕者品嚐，但大家經過商討後認：為這一瓶TBA甚為珍貴、所費不貲（好像下槌價為3萬美金），似乎應當留給麥可大哥有更重要的場合開啟為宜，因此婉拒他的好意，我也錯失良緣也。

感謝上主的慈愛。我終於在去年（2016年）八月底隨同黃煇宏老師與陳大法官年度的歐洲酒莊之旅，親自拜訪伊貢．米勒園，品嚐到一系列該園珍釀時，親炙了世界甜酒第一美酒的魅力。

話說去年8月30日，是我們品酒會法國酒莊之旅的最後一站，我們來到了德國莫瑟河（Mosel）上游，也是共產主義創始人馬克思老家的特利爾小鎮（Trier），伊貢．米勒園就位在鎮外一個很普通，毫不起眼的路邊山坡之下，但這片向陽成45度傾斜的山區卻有一個漂亮的名稱－珍寶山（Scharzhofberg）。

當我們一行人於上午十時準時抵達酒莊時，酒莊主人，第四世的伊貢．米勒先生已經在門口迎迓我們，引我們入中庭後，潔白的試酒桌上已經排滿了各式酒杯，以及一份印裝精美的品酒單。記得在出發來酒莊前陳大法官已經先請我們心理要有個準備：由於伊貢．米勒酒價錢都極為昂貴，以一瓶當年生產的遲摘級而論，一般德國酒莊為20-30美金即可購得，但本園遲摘級至少為100美元起跳；至於精選級，一般酒莊約為30美金起跳左右，但本園者經常突破200美金。因此，如果本次拜訪該園，主人可能最多只會提供4款美酒招待品嚐，且可能最高只有到精選級，還請各位團員能夠體諒云云……。

我們整團是抱著朝聖的心情來拜訪伊貢．米勒園，且能夠一睹名園以及親自與酒界傳奇人物的伊貢．米勒園主交換釀酒與品酒心得，已經是一生難得的殊榮及最好的回憶，哪裡還會有太多的妄想？

但是當我們一看到酒單，頓時精神為之一振：酒單上洋洋灑灑羅列出10款酒，居然包括了四款精選級，其中兩款還是「精選中之精選」，便是所謂的「金頸精選」（Goldkapsel），這是酒莊將精選級葡萄中，已經沾染貴腐菌的葡萄，但卻未全部感染者，集中起來特別釀製，因此是屬於「準BA」等級。這種精挑的精選級，口味有BA的濃稠與香氣，但體態與質地則接近精選級，便不會太膩口，反而吸引不太愛甜酒的飲客。所以「金頸級」的精選酒一般都是提供拍賣之用，甚至比BA或TBA更難獲得。我曾多次聽到陳大法官提及：德國葡萄酒工藝之最，未必是TBA，反而是「金頸級」的精選酒。

品酒會的開始，主人逐一介紹，10瓶中有5瓶是本園釀製的，另外有5瓶來自於本園所經營，但不在本地的酒莊。由第一瓶的貝拉堡（Chateau Bela）開始，這是米勒先生因為娘家的關係所牽線，在斯洛伐克境內接近匈牙利的地區，所合作釀造的新產品，2001年開始陸陸續續由本園釀酒師協助釀出德式的白酒。我們感覺到這款酒已經有了伊貢·米勒入門酒的架式，不過口味較淡，也較為薄口。除貝拉堡外，還有4款酒則來自於附近另一個重要的大產區威廷格（Wiltinger）的一個優質酒村布朗庫柏（Braue Kupp），伊貢·米勒園在附近擁有一片葡萄園，並承租一部分釀酒，價錢比本園要實惠得多。品酒會高潮迭起，最令我印象深刻的是1976年的本園精選級。莫看這一款已經有40歲的白酒，其他一般酒莊的精選白酒，保存得宜者多半能撐到30年。當我們看到這40歲的精選級心裡莫不為之緊張。沒想到這瓶已經泛出接近紅棕色酒液的40年老酒，居然甜度已經降低至平常的七成，但酸度卻提升，意外的調整了一般精選級給人太過甜膩的感覺，了不起的酸度，讓我真正體會到德國麗斯凌葡萄最看家的本事－酸度的魅力！這款酒讓全場發出嘖嘖稱奇之聲。陳大法官告訴我們1976年是德國白酒的「世紀之年」－1900年代最傑出的一年，難怪其酒能存活至今，我們真是太有口福嚐到也，陳大法官也提到當他1979年底到達德國讀書時，1976年的美酒正是供應最多的高峰，他也是口福不淺的有緣人也！

另一個令人感動的酒款為1983年的本園遲摘級，一般遲摘級壽命約為20年。但本款已有35年的歷史，同樣的令人捏一把冷汗，然而卻令人激賞，毫無任何氧化或走氣的傾向，同樣的甜度的降低，酸度提升，帶來乾果、葡萄乾以及一絲絲淡淡的乾燥花香，美極了！陳大法官特別舉杯向主人致謝：這個年分是他獲得慕尼黑大學法學博士的「年分酒」，這也是德國學界的傳統：會特別收藏幾個值得慶祝的年份酒，例如：獲得博士學位、結婚或生子等，伊貢先生也笑著一乾而盡。不僅如此，接下來的1994年的本園精選級，更引起了全場的鼓掌。這在我國酒市早已絕跡多年的夢幻之酒，彷彿有跳動的精靈，沒有一個酒友捨得一口嚥下。陳大法官又舉杯感謝主人：這是他晉升教授那年的「年度酒」，能夠連續品嚐到兩個最重要的學術生涯紀念酒，陳大法官笑著說：「不虛此行也。」

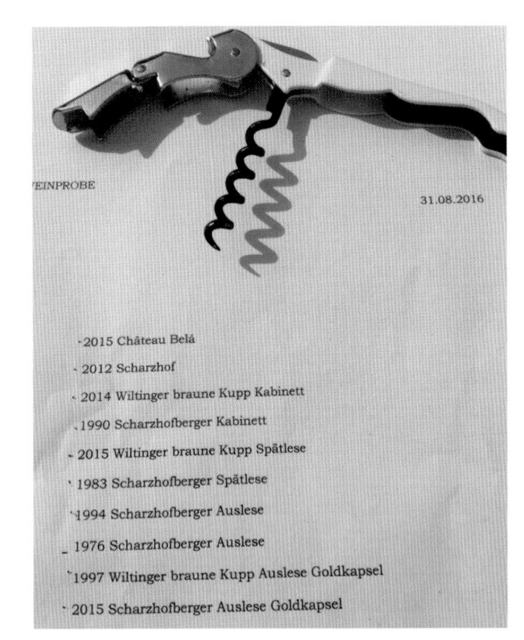

當日酒單

當最後兩款分別是1997年布朗庫柏及2015年「金頸級」精選級上桌時，已經將全場的氣氛推至最高，團員紛紛湧到主人身旁，每位紅咚咚的臉龐都表達出無限的敬意與滿足！

大概受到了大家熱情地激勵，靦腆的米勒先生，轉身走向地下酒窖，不多久轉身帶來一瓶沒有標誌的酒上來，只見他打開一聞，立刻交代服務員（也是他的實習釀酒師）換下，自己又走下去酒窖。此次上來時，他帶來了一個神祕的笑容以及同樣沒有酒標的酒瓶。

他一試之後馬上分請各位團員試試。漂亮與油亮的橘黃色，不必搖晃已經滲出蜂蜜與柑橘、鳳梨與香蕉的香氣。人人屏息，當然無法猜出品項。米勒先生宣布：這是本園1989年的TBA，而且是標準的大瓶裝。

當時全場一片肅靜，幾秒鐘後才爆發出熱烈的掌聲，幾位女士還發出尖叫聲，米勒先生的笑容更燦爛，也更靦腆。米勒先生轉頭去向陳大法官呢喃數語，只見陳大法官屢屢致謝。原來米勒先生告訴他，他知道中國人的習慣，他如此盛情招待是要給陳大法官一個「大面子」！

我在旁慢慢的，一絲絲的讓這些珍貴的酒液滑下喉嚨，內心的彭湃與感動，已非言語所能形容！我真擔心：所謂的「登泰山而小天下」，我品嚐了全部米勒園的代表作後，狄康園相較之下有如濃妝豔抹的村婦、萝他榭有點像昨日黃花的資深貴婦，至於其他德國普通酒莊的遲摘酒或村莊酒，最多也只能屬於時尚少女罷了，但無論如何，親訪伊貢．米勒一定是我品酒生涯中的高峰，也是可以讓我回味一輩子的驚心動魄之旅！

當我行經酒莊所在地的特利爾小鎮，沿途看到許多的教堂、以及十字架。原來這是在羅馬時代就已經開闢的城鎮，也是基督教最早進入德國的門戶，難怪這裡的葡萄與酒農，都受到上主的眷顧，千百年來為他的子民釀造出那麼多的美酒，帶來如此多的歡樂、幸福與財富。希望慈愛的主耶穌繼續眷顧這塊寶地與他的人民，當然也要特別垂愛盛情招待我們的米勒主人，祝他年年長壽，年年釀出好酒。

Author

李筱娜
小姐

是活耀在台北葡萄酒品賞圈內資歷最久的女性成員，早年學習會計後，加入了家庭的珠寶經營事業，由於家學淵源，由於從小對於金翠珠鑽耳濡目染，過眼不知凡幾，練就出一身珠寶鑑定的本事。除了本業外，李小姐由於對於美食的鑽研十分投入，導引對美酒的品賞，在台北品酒圈內是以收藏白葡萄酒著稱，近年來逐步退出商場。過著旅遊、品賞美食美酒以及熱心傳播福音為樂事的生活，也希望藉著傳福音與共賞美酒，讓更多人感受到主耶穌對人類的慈愛！

義大利文藝復興的魅力

科莫湖畔的1995年份賈科莫・康特諾珍藏酒

欒慎寰

從中學歷史教科書中，我學到文藝復興造就了現代歐洲，甚至世界聞名的先機。從此，人類開始進入啟蒙時代，脫離過去原始與神權的拘束，而有科學、理性以及文學、美學的文明。而文藝復興的發源地正是在北義大利，由佛羅倫斯至阿爾卑斯山腳下的米蘭。

我久仰文藝復興的大名，並聞知尚有甚多文藝復興的人文或歷史建築的遺跡，散佈在米蘭這一塊人類文明的寶地。我曾多次的拜訪義大利，泰半行程匆匆，難得有閒情逸致一探文藝復興的遺風。

這個宿願，終於在2017年3月中實現。

家父代理德國最有名的薩克森邦麥森（Meissen）瓷器近20年，成功地將這一個全世界除中國外，第一個研發瓷器成功的歐洲品牌，在台灣獲得極熱烈的迴響，使台灣成為全球麥森瓷器收藏的重鎮。家父以及擔任總經理的家母，每年幾乎都要回訪麥森瓷器多次，除了親自感謝這些繪畫大師及工作同仁的辛苦外，也想儘早了解這個德國最驕傲的國寶級工藝重鎮，來年有何創新的構想。

此外，家父同樣代理義大利的國寶級波哲利家具公司（Pozzoli），這是一家擅長製造歐洲宮廷式家具的公司，金光閃閃的作品，散發出典雅與富貴的氣息。歐洲許多強調奢華的名流，莫不將波哲利視為家具首選。例如俄羅斯總統普丁在黑海的別墅，便是號稱波哲利的展示場。

家父與家母每年的歐陸之旅，經常會將德義之旅的行程合併。今年3月的行程，便是這種情形。此行，我隨同家父母，以及兩代世交的邵任叔叔全家三人一起前往。我們先拜訪的波哲利總部，剛巧位於米蘭北方郊區約一個鐘頭車程，號稱義大利最昂貴的旅遊勝地——科莫湖畔（Como）。這是每個歐洲皇家巨室、時尚名流夢寐以求構築別墅的第一選擇。大名鼎鼎的美國明星喬治克隆尼在那裡買到一棟別墅，並且拍了一部著名雀巢膠囊咖啡的廣告，一時之間吸引全世界咖啡迷的目光，克隆尼自然得意洋洋。聽說，還引起了好萊塢眾明星想染指科莫湖的雄心。

為了讓我們兩家人能完全體會科莫湖的山光水色，以及文藝復興時代建築藝術的美學，波哲利公司建議我們務必要入住一般稱為艾斯特別墅（Villa d'Este）的「東方旅館」。它與蘭特莊園（Villa Lant）、法爾耐斯莊園（Villa Farnese），並列為文藝復興的三大名園。雖為旅館，其實稱她為宮殿更為合適。因為這座建於16世紀的皇族府邸，位於美麗的科莫湖畔，是幅員廣達25英畝的園林。1873年，這座氣派豪華的府邸，隨著義大利帝政的結束，從貴族之手轉為頂級旅館。偌大的親王產業，包括數個堂皇典雅的大廳、花園、亭台樓閣，甚至還有一個高爾夫球場，都主要提供給152個房間的貴客使用，彷佛重現文藝復興時代王公貴族的度假生活。

訂房的工作以及所有行程安排，自然落在我的身上。我費盡心思，

聯絡所有的人脈關係，打了無數通電話、傳真等，才為兩家人訂到3月18、19日兩個晚上的房間。

能夠親身入住並欣賞無處不顯示出義大利文藝復興時代能工巧匠所留下來的建築、陳設與裝飾手藝。飯店內每個角落都擺放精美的家具，浪漫的插花藝術布置與視覺設計，以及工作人員周到的禮貌與細心的體貼，在在呈現優雅怡人和舒適的氛圍，毫無因昂貴的住宿費而充斥著俗氣和土豪味。

由於家父母及邵任叔叔及美昭阿姨都是精於飲饌，餐廳的水準既然是米其林二星級，當晚的晚宴自然安排在飯店內。如同一般歐洲景觀飯店，最重要的餐廳必定伴著山光水色，東方飯店也是如此，四邊大幅的落地窗將科莫湖的波光水影落入眼簾。

為了讓當晚晚宴能有一個難忘的回憶，我特別在前往東方旅館行程的前一站，佛羅倫斯一家最昂貴的酒窖，購買了兩瓶「天王酒」——第一瓶是號稱「世界紅酒之王」的1964年的法國羅曼尼・康帝;另一瓶是酒窖主人再三力勸我不可錯失，也可以稱為「義大利酒王」的1985年份賈科莫・康特諾珍藏酒（Giacomo Conterno Riserva）。

懷著忐忑不安的心情，我提著這兩瓶酒進入餐廳。因為我知道全世界的米其林餐廳多半不會允許客人自帶酒水。當領班看到我手上的好酒，立刻網開一面，理由是他們的酒單雖有此兩款酒，但沒有此一年份，當然可以作為例外的藉口。

義大利人的豪爽與通情達理，立馬讓我們食欲與酒興大發。依這兩款頂級美酒的佐伴，餐廳經理特別為我們開列一張菜單，不外是產自於附近皮孟地區的松露燉飯（經理特別致歉，因為尚未到白松露盛產的夏秋之際，因此只能提供優質的黑松露）、佛羅倫斯小牛排伴鵝肝、長腳蝦冷盤……，每道菜都有一流的水準。

這些佳肴不論是食材或烹調的手法，甚至份量都十分講究。不過持平而論，以台北優秀的法國或義大利餐廳，也並非不能提供類似水準的美食，例如我經常造訪的義大利餐廳Tottabcllo。而令我至今依然特別懷念的是那兩款美酒的滋味。

首先上場的是1964年的康帝。康帝，對我而言雖然珍貴，但也是我最大的幸運。因為我這幾年的品酒生涯結識了數位好友，其中一位是憲國兄，而他不吝提供其珍藏的康帝酒與我共享，我因此得緣認識幾個年份的康帝酒，也熟悉那些散發出來的成熟水果、薄荷、梅子、乾果、松露……等等令人醺然陶醉的香味。至今已超過半世紀的1964年份的康帝，我以前僅看過圖片，朋友間也無喝過此款酒者。因而，當我在佛羅倫斯酒窖，當場看到主人從黑沉沉的酒櫃取出這瓶名酒時，毫無招架之力。

開瓶後，本是布根地紅（深暗紅）的酒液，仍然維持著清澈及油亮的光彩，顏色也轉為橙紅。輕輕搖晃酒杯時，一股輕淡果香立刻溢出。我看出試酒師比我還緊張，東聞西嗅瓶塞後，向我們恭喜：這瓶酒仍在顛峰之中。

事實上，我對第二瓶的賈科莫・康特諾珍藏酒更有興趣。作為全世界最重要的葡萄酒產區，義大利最重要的名酒，就產在科莫附近的皮孟地區。這裡的名酒也有「雙B」——巴洛洛（Barolo）與巴巴洛斯可（Barbaresco）。巴洛洛酒甚至獲得「王者之酒」的稱號，原來自文藝復興以來，此款酒已經成為王親貴族們最中意的美酒。

巴洛洛酒的產區僅有1100公頃，每年能夠產出600萬瓶。但這些為數眾多的酒莊多半是小酒莊，每年不過生產數千瓶，最多一兩萬瓶而已，而且經常為國內的行家所訂購，很少有外銷至國外者。

這也是義大利酒莊的一大缺失：不會向法國酒莊具有高超的行銷手法以及高明的包裝產品的本事。光是義大利酒標的標示文字之複雜難念，往往讓消費者望之卻步。就以我購得這一款賈科莫・康特諾而論，名字很難記得。我是將「賈科莫」與科莫湖連結在一起，才得以牢牢記住這個怪名字。

提到主角康特諾酒莊能獲得號稱皮孟巴洛洛之王，是因為酒莊主人康特諾先生特立獨行的個性。1974年，康特諾先生放棄長年巴洛洛酒莊向他人購買葡萄釀酒的習慣，改為自己種植葡萄與釀酒。他的王國由14公頃的田地開始，而且完全遵循傳統的釀酒方式，嚴格採收成熟的葡萄。當與其他酒莊只挑年份好才推出「珍藏級」，即：在大橡木桶陳放至少4年才裝瓶的精選級美酒作法。康特諾卻逆勢操作，不管年份好壞，只依當年葡萄的品質來決定是否要推出珍釀級美酒。

於是在巴洛洛酒都哀嚎遍野的壞年份——10年中有一半以上如此，康特諾卻能夠推出令人咋舌的珍釀級。因此，每年份的珍釀級如有生產時，都在一萬瓶上下，但經常只有個位數字能夠行銷到其他國家。

台灣偶爾可一見本酒的芳蹤，價錢常逼近新台幣兩萬元，且立刻被行家買走。而且，黃煇宏香檳騎士所著的「相遇在最好的年代」介紹世界一百個最著名的酒莊中，義大利酒莊有13家中選，本酒莊也在其中之一，故我在台灣久聞其名，當然也沒有任何機會上手。

這次，我以兩千歐元的代價獲得了嚐鮮的機會。值得一提的是，這款酒還有一個名稱「蒙佛提諾」（Monfortino），是「山地堡壘」之意，推測園區附近有個小堡壘，故有此小名。這個名稱以燙金字體寫在巴洛洛的下邊，代表這是由蒙特提諾園區所釀製的珍藏酒，表示與本酒莊其它酒釀所釀造的珍藏級有所不同也更稀少。

本款酒有濃厚的果香與花香。李子、櫻桃、皮草、野草……等十分飽滿，而且顏色也呈現橙黃，頗類似陳年的布根地酒，具有烏梅氣，這讓我驗證了酒界的説法：頂級與極為成熟的巴洛洛酒，會具有頂級老布根地的老黑皮諾葡萄之風采，且在盲飲中會「騙過酒評家的鼻子」。果真是一場巴洛洛天王與布根地天王的「雙王會」！

這是我人生中非常難得和珍貴的旅程。我有幸與健康的父母、偕同至親好友的邵叔叔全家，能夠在號稱義大利第一旅館的科莫湖畔，欣賞到義大利文藝復興的建築與住居藝術之美，以及山光水秀，更品嚐到愛酒之人連作夢都會想抱的羅曼尼・康帝，以及令全義大利熱愛佳釀人士為之瘋狂的賈科莫・康特諾美酒。我確信，這輩子都會懷念這一次科莫湖之旅所感受到的文藝復興遺風之美！

Author

欒慎寰
先生

出生在講究美食和藝術的家庭。父母親經營居家藝術事業，代理歐洲許多最頂級的瓷器、家具、水晶、燈飾、銅雕……等作品，使得他從小在充滿藝術氣息的環境成長，薰陶至深。他在台灣讀高中時赴美求學，之後在華盛頓就讀大學與研究所，專攻藝術管理與藝術史。學成歸國後，即在父親的國裕公司佐理事務。除本業外，他近年鑽研葡萄酒，經常蒐集相關資訊，與三五好友交換心得，收藏日豐。他還經常與精於美食美酒的父母共同切磋，常被友朋羨稱為「神仙家庭」。完成此序文時，他剛巧完成婚姻大事的第一階段——訂婚。明年，他將迎娶美嬌娘，展開只羨鴛鴦不羨仙的幸福歲月。

笑看50年
春花秋月的佳釀

1967年份羅曼尼．康帝酒莊的李奇堡

陳玲

每年的聖誕節我都會有緣參加頂級的葡萄酒品賞會，年輕時我當然不能免俗的會與時尚朋友利用舞會、烈酒、熱門音樂等喧鬧氣氛中，度過對年輕人而言一年中最重要的節日。隨著自己稍有年紀，嗜好也逐漸由喜歡熱鬧、轉到與若干志同道合的朋友共賞美酒，在一杯杯或濃稠、或淡雅的酒韻中，彼此交換個人對此些天之美祿之感覺，將使此聖誕夜是真正的白色聖誕夜與紅色聖誕夜。今年的聖誕品酒會比往年早兩個星期，這是因為我們幾位好友要與黃煇宏老師共享一個紀念「特殊事件」的喜悅——黃老師的酒窖營業成績突破一個「神秘數字」，大家約同帶一瓶「波爾多五大」水準的美酒與會。沒想到這讓我品嚐到了一款令我至今難忘的美酒——1967年份羅曼尼．康帝酒莊的李奇堡。

當我一踏入這家私廚，是位於內湖路二段一個頗為偏遠的洋房內，一眼便看到了令人心驚膽跳的各款酒友帶來的「賀禮」，一字排開如下：

1. 1990 Dom Perignon
2. Champagne Ace of Spades Rose
3. 2007 Joseph Drouhin Montrachet Grand Cru
4. 1999 Chateau Haut-Brion Blanc
5. 2011 Sine Qua Non, The Moment
6. 1999 Chateau Latour
7. 1993 Domaine Leroy, Pommard Les Vignots
8. 2011 Domaine Armand Rousseau, Charmes-Chambertin, Grand Cru
9. 2012 Domaine Pierre Amily et Fils, Clos de la Roche, Grand Cru
10. 1972 Tokaji Aszu 6 Puttonyos
11. 日本丸本14代大吟釀

果然支支都有來歷，出身不凡。其水準之高，比在當初約定的「比照波爾多五大酒莊」還精彩，無怪乎當陳大法官由另外一個長輩的壽宴趕回時，倉促間從書房帶來一瓶義大利1999年份的薩西開雅（Sassicaia），本以為可以過關，沒想到大家眾口一詞，認為這瓶廣為義大利所稱頌的名酒：不合規格，應予退貨。陳大法官下次必須重新提出一瓶「夠檔次」的五大名酒。此瓶薩西開雅只能打入後備部隊，最後淪為與日本大吟釀負責「清掃戰場」的悲慘命運。

這幾款頂級酒都在下午三點以後陸續開瓶，每一瓶開瓶後都仔細檢查瓶塞有無腐朽、氧化之情形，幸好完全過關。我也對每款酒都寫下了若干品嚐筆記，為此次盛會留下一些美妙的文字回憶，例如對於第4款的布里昂堡白酒，我記下來：有核桃、杏桃、白花的香氣，酒體中庸平和，一個小時之後芳香度不減反而增加了梅子香味，此酒仍有再儲存3年以上的實力；對2011年的辛寬隆（Sine Qua Non）的「瞬間」（The Moment）：這是1994年由奧地利人克朗克所建立的酒莊，已經是加州充滿神秘色彩的傳奇酒莊，其特色是由別家葡萄園中挑選最好的葡萄來釀酒，不論甚麼葡萄到手，都能釀出令人愛不釋手、極為高價的美酒。雖然以紅酒為主，偶有釀製少量的白酒。以2000年份的「浪蕩女」

（The Hussy）為例，這是由羅莎娜葡萄為主所釀成，明顯走法國北隆河的口味，更是一瓶難求。如今我卻有幸品嚐到2011年的「瞬間」，由4種葡萄釀成，其中接近一半是羅莎娜葡萄。

我的回憶是：稻草黃色、有檸檬、柑橘香氣，以及新鮮花朵的芬芳，回甘有濃厚的核桃味。這和我記憶中的北隆河夏坡地酒莊（Chapoutier）的白酒頗為神似；第6款的拉圖堡，釀於精彩的1999年：棗紅色的酒液十分油亮、夾雜著櫻桃、香草、菸絲的香氣，酒體十分深沉，沒有老化的跡象，回甘後有強烈的巧克力香氣。注入杯中30分鐘後，酒體依舊強健沒有消退，果然如同酒界形容的：拉圖堡是波爾多五大酒莊中結構最結實與宏偉的一款。其次1993年份的布根地「鐵娘子」樂花酒莊的波馬酒（Pommard），這款雖是一級園，卻是紅頭的當家貨。果然入杯後典型的「樂花花香」洋溢杯外，高雅至極，但美中不足的是，已有25年之久，本酒已經到了適飲期的末端，雖然仍遙想期當年的風采，但不無「年華老去」的薄弱氣息之憾。幸好接著2011年的布根地另一個天王酒莊盧騷園的尚．香柏罈（Charmes-Chambertin）填補了樂花老紅頭的「無力感」之憾：究竟仍是太年輕的布根地黑皮諾頂級酒，雖然充滿著櫻桃、漿果香氣以及芬芳的花香，酒體稍硬但不失和諧、酸度也怡人，頂級酒的架式十足，如果能在10年之後才來品嚐，才會有英雄用武之地也……。

在大家興高采烈的品賞了近十款酒後，主人黃老師才神秘兮兮且喜孜孜地拿出今天的壓軸酒－霎時間一陣歡呼，原來是今晚高潮的1967年份羅曼尼．康帝酒莊的李奇堡（1967 Domaine de la Romanee-Conti Richebourg Grand Cru），原來約定這一個快樂的酒局時，黃老師已經承諾要挑一瓶康帝酒莊的傑作來炒熱氣氛。至於康帝酒莊內的「六大天王」何者能中選？黃老師笑而不語：到時便知！

為了找到這一瓶至今已經整整50年的康帝酒莊的李奇堡，黃老師特別在香港的拍賣會，舉牌標到此瓶。大家閉上眼睛，全場鴉雀無聲，仔細讓淡棕色的李奇堡輕輕滑入喉嚨，多麼溫柔與絲質的感覺，明顯地烏梅、檸檬香氣夾雜著甘草、八角等乾藥草味，還有乾燥玫瑰花香。的確是香味的魔法師，有些酒友且認為這有青橄欖油香氣夾雜在內，這種香氣持續30分鐘以上，令人對本酒的陳年實力毫無任何懷疑。

這是一個令人感動的時刻，想想這一瓶離開布根地酒莊老家已經超過半世紀的老酒竟然能夠在半個地球外的臺灣，依舊散發出令人驚嘆的韻味及吸引力。一瓶經歷半世紀、笑看不少春花秋月的佳釀，我有幸與它共處一小時，人生何其美妙也。

飲過李奇堡後，美妙的宴席也走上尾聲，此時上來的1972年匈牙利拓凱酒（Tokaji）也引起一陣騷動，由陳大法官的《稀世珍釀》中我們已經得知在1989年東歐共產社會主義國家倒台前，被稱為匈牙利國寶的酒拓凱酒，都被政府管控，尤其是最高等級的6P及阿素酒等，都在西方社會難得一見，不像現在容易從許多新設的酒莊買到極優質的拓凱酒。這款1972年的老酒當年都是躺在權貴之家或是富豪宅邸之中，也是拍賣會中的天之驕子也。接近50年的拓凱酒顏色已由當年的淡黃色，轉為深咖啡色與棕色，原本甜度極強，也逐漸加入酸檸檬、蜂蜜、熟梨、杏仁以及蔗糖的甜味，十分均勻而無甜膩之感，不僅適合佐伴甜點，引人有不忍中斷的衝動。最後當大家已經幾乎沒有任何味蕾可以再仔細欣賞其他美酒之可能時，幾位朋友酒興大發，並認為時間尚早（未及午夜）主張將薩西開雅與大吟釀一併解決……。我因有事必須早點返家遂來不及堅持到最後，直到次日才知道兩瓶「清掃戰場酒」已完成任務，眾友人人踏著夜色，扶醉而歸，真希望年年有此聖誕夜也。

Author

陳 玲 Linda

回台灣服務前，曾在美國二間在納斯達克上市的公司工作，負責有關投資者關係部與股東董事會部門之業務，前後長達10年以上。由於工作經驗，因此熟知境外金融與貨幣的操作、風險評估與投資等相關業務。在工作之餘對於美食、美酒、時尚等領域均有涉獵，同時英文能力甚強使其經常能迅速的獲得葡萄美酒的資訊。對於美酒的品賞十分深入，每次品酒會都以中英文寫下口感、芬芳度等資訊並與朋友分享，在葡萄酒品賞界有極高人氣。返台後目前任職於家族辦公室（Family Office）為高資產客戶提供境外金融架構，家族信託與傳承規劃。

令人忘卻時光歲月

1961年份拉圖堡

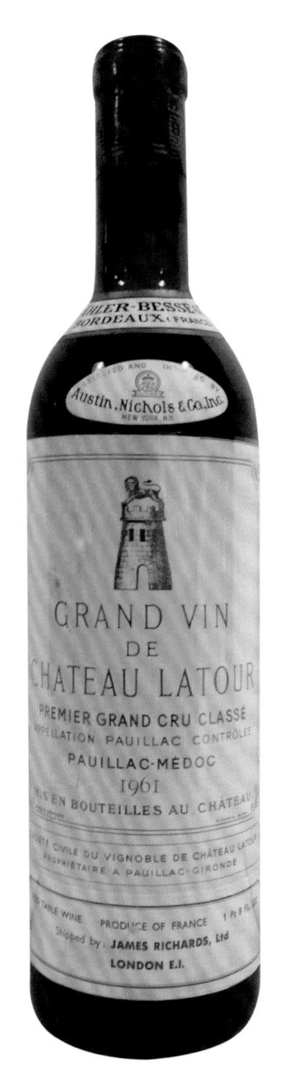

黃輝宏

無論什麼時候，一瓶五大放在桌上總是光芒四射；無論什麼時候，一瓶拉圖堡（Chateau Latour）總是讓其他酒款黯然失色⋯⋯。

拉圖堡可以說是美多克（Medoc）紅酒的極致，它雄壯威武，單寧厚重強健，儘管多次易主，風格卻是永不妥協。在專業釀酒團隊與新式釀酒設備共同譜成的協奏曲中，它每一個年份只有「好」跟「很好」的差別。至於市場價格，拉圖堡更早已執世界酒壇牛耳，鮮有任何以卡本內－蘇維濃為基礎的紅酒能與之平起平坐。

這是一座所有葡萄酒愛好者都尊重的酒莊。雖然它身後是一段英法爭霸的酒壇發展史，不過經手之人都退居二線，讓專業完全領導。2008年，曾傳出法國葡萄酒業鉅子馬格海茲（Bernard Magrez ）以及知名演員大鼻子情聖（Gérard Depardieu ）與超氣質美女（Carole Bouquet）（作品：美的過火）希望買下這一座歷史名園。但目前為止，拉圖堡還是在百貨業鉅子弗朗索瓦．皮納特（Francois Pinault）手上（其集團擁有春天百貨、法雅客、Gucci等品牌）。最值得一提的是，拉圖酒莊無與倫比的酒質，在台灣想喝到也不是太難，只可惜要等到拉圖堡進入適飲期，卻是不太容易！各位如果現在買一支2010年份拉圖酒莊，建議的開瓶時間居然是遙遠的2028年！喝拉圖酒莊只有一個秘訣：「等」。

位於法國波爾多梅多克地區的拉圖堡是一個早在14世紀的文獻中就已被提到的古老莊園。在1855年也被評為法國第一級名莊之一。英國著名的品酒家休強生曾形容拉菲堡與拉圖堡的差別：「若說拉菲堡是男高音，那拉圖堡便是男低音；若拉菲堡是一首抒情詩，拉圖堡則為一篇史詩；若拉菲堡是一首婉約的迴旋舞，那拉圖堡必是人聲鼎沸的遊行。拉圖堡就猶如低沉雄厚的男低音，醇厚而不刺激，優美而富於內涵，是月光穿過層層夜幕灑落一片銀色……」

2012年4月12日，拉圖堡的總經理弗萊德里克．安吉瑞爾（Frederic Engerer）在致酒商的一封信中，代表莊主弗朗索瓦．皮納特發出了一份聲明，大致內容如下：

2011年是拉圖正牌和副牌小拉圖最後一個預購酒的年份。未來拉圖堡的葡萄酒只有在酒莊團隊認為準備好了才會發布：

意即之後每一年份拉圖堡正牌酒的發布可能為10～12年後，小拉圖的發布大概為7年後。30年前拉圖堡1982年份的預購酒發布價為每瓶台幣1,000元，現在市場的價格大約台幣120,000元，上漲了120倍。2011年是拉圖酒莊最後一個推出預購酒的年份，當年報出的2011年份預購酒價格為440歐一瓶，定價比2010年份期酒780歐元一瓶降了43%，最後一個預購酒年份合理價格，讓不少買家趨之若鶩。

1993年，當弗朗索瓦．皮納特以七億二千法郎收購拉圖堡的時候，那簡直是個天價！但是沒有人在乎？在世人的眼光中只能算是一筆大生意。當時市場正處在最低潮，拉圖堡也經歷著一個風雨飄搖的階段。

1970至1990年的二十年最艱難的年代，不少年份的酒出現了風格上的毛病。在不屈不撓的總經理弗萊德里克．安吉瑞爾的帶領下，經過了22年，拉圖堡重新找回信心，2000年以後釀製了穩定的酒質，再度傲視群雄，鼎立於世界酒壇。

2013年8月20弗朗索瓦．皮納特再度出手收購了位於美國加州納帕河谷的超級膜拜酒阿羅侯莊園（Araujo），立刻在國際媒體引起一陣騷動，也為疲弱不振的法國酒市提升不少士氣。在此我們要恭喜美法繼續合作，提供給愛好美酒的人士更多佳釀。

杭州的西泠印社是中國著名的拍賣公司，和北京的保利集團齊名，所謂「北保利南西泠」。我有一位朋友－杭州湖邊邨精品酒店的董事長劉政奇先生，這位仁兄本人是個藝術品收藏家，也是個美食家，更是葡萄酒的熱愛者、發燒友。這些年來，他只要開瓶世界頂級美酒來品嚐，必定會事先通知我前往杭州。

2016年的12月一個寒冬夜晚，劉董剛好由香港帶回兩瓶拉菲堡（Chateau Lafite），分別是1968及1989年份，便便邀我前往共襄盛舉，同時也邀請他在杭州當地多年的好友，也是美酒愛好者的西泠印社總經理陸鏡清先生一起品嚐。地點就在西湖旁邊的西泠印社拍賣公司。這是中國最後一個宰相府，古色古香，目前成為西泠印社拍賣公司總部，只有在貴客到來或非常場合，才會在此設宴，由一流的主廚負責料理，當然其烹調手藝堪稱國家級的標準。

酒會一開始，陸總便從他的收藏中取出一瓶1961年份的拉圖堡，眾人眼睛為之一亮，這瓶酒立刻成為大家的焦點。此外，當晚的酒單上，還赫然出現了最頂級的沙龍香檳（Salon），乃2002年份；與樂花酒莊和康帝酒莊齊名，但更難找到的都文內酒莊（D'Auvenay）所釀製的2003年份之美瑟（ Meursault）白酒；澳洲第一名酒，也是派克大師評為百分王的托布萊克酒莊（Torbreck）所釀製的2005年份「領主」（ The Laird），當然是一百分的傑作！

果然，是一個世紀的宴席，當晚，酒單的玲瑯滿目、款款為稀世珍釀，美不勝收，讓我連大廚精心巧手烹製的美食，都了無印象矣！但最令我激動的是：這天，我終於品嚐到了夢寐以求的稀世珍釀，就是今天的主角——1961年份的拉圖堡！

品嚐這款酒，對我還有一個特別的意義，它完成了我品嚐偉大年份「1961」年份波爾多五大酒莊的「偉大拼圖」。其他四款五大酒莊，另外包括更昂貴與數量更少的1961年份彼得祿（Pétrus），我都已在多年前品嚐過了，獨缺拉圖堡而已。

目前對這個傳奇年份的著名酒莊中，我只剩下北隆河傑布勒酒莊（Paul Jaboulet）著名的「小教堂」（La Chapelle）尚未嘗過，但願有朝一日能一親芳澤！

附上當晚我的品酒筆記：

波爾多的1961年份是非常傑出的一年，每一個酒莊都應該感謝上天賜予這麼好的年份。儘管如此，拉圖酒莊的1961年份表現的完美無缺，個人深深感動，精彩驚艷！酒的顏色呈現磚紅色，濃郁而閃亮。酒中散發出紫羅蘭花香、烤麵包、原始森林、松露、黑醋栗和雪茄盒等各種宜人的香氣。入口充滿味蕾的是黑醋栗、葡萄乾、成熟黑色水果、奶酪、摩卡咖啡和巨大杉木等層出不窮，豐富且集中，深度、純度與廣度皆具，真正偉大的酒，有如奧運體操平衡木冠軍選手，平衡完美，優雅流暢，這款酒是上帝遺留在人間的美酒佳釀，只有喝過的人才知道它的偉大！難怪每位酒評家都給了完美的100分，尤其派克大師更是打了四次100分！

2016年8月底黃煇宏與陳大法官、德國特立爾大學別克教授（Prof. Dr. Birk）拜訪伊貢．米勒酒莊。

附錄一

國畫大師歐豪年繪畫與法書

歐豪年大師是陳大法官新民的摯友與忘年交。為祝賀其自公職榮退，特繪「陶公三徑圖」及賦詩一首以贈。圖中陶淵明於老松下酒醉欲眠，伴以數株菊花，寫出陶公採菊東籬下的退隱生涯。（50×75cm）

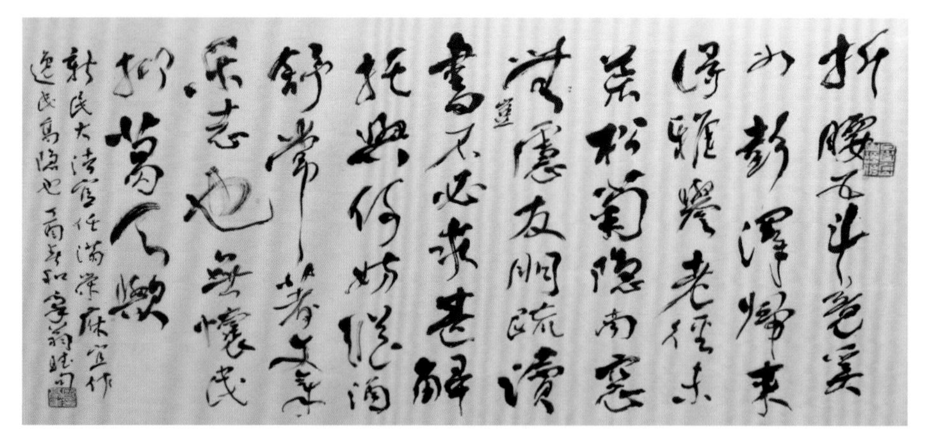

詩句為：折腰五斗竟奚如（意解：又如何）、彭澤歸來得雅譽；老徑未荒松菊隱、南窗無慮友朋疏。讀書不必求甚解，托興何妨縱酒舒（意解：由酒來舒暢心情，語出宋朝大詞人晏幾道「衾鳳冷，枕鴛孤，愁腸待酒舒」）、常著文章樂志也，無懷民抑葛天歟（意解：無懷與葛天皆為上古黃帝之民，意為：做上古之民也。語出陶淵明五柳先生傳）。題詞為：新民大法官任滿榮休，宜作逸民高隱也。丁酉春和豪年賦句。歐大師書畫雙全，詩意高雅，且盛情感人也。（50×75cm）

古風長拂棲霞松

歐豪年大師重修高奇峰太師墓園有感

李婉慧女士欲編輯歐豪年大師行述，索稿於大師之門生故舊，所述者不論是大師的藝術造詣或嘉言懿行，皆以親身所見所聞為宜。獲邀者莫不引以為殊榮。大師望重藝林，其藝術成就足資闡述者，定然不少。我對藝文繪事純屬外行，不敢有班門弄斧之妄想。但既然詢及對大師行誼有無一述之親歷？我想起一則佳話，當有傳述之價值也。

且先由大師一首詩文提起：

「南嶺論藝允折衷，駿馳獅嘯振天風，豐碑省識畫中聖，萬國咸推一代雄。」

這首詩乃推崇其太師高奇峰先生的畫藝，也是為太師墓園重修落成時（2002年）所做。這一首詩做成的時空背景，我恰有恭逢其盛之緣，足以見證出歐大師於國內外畫壇文界景頌其「詩書畫三絕」雄視當世，也即秦孝儀先生所論「天下通識君三絕」外，仍擁有一股飄逸於三絕才藝外的恩義俠情。

2002夏秋之間，我有次往晤豪公。清茗數巡後，大師提到剛有南京畫展一行。畫展舉行之暇，前往南京郊外名勝紫金山尋幽攬勝。不意間由棲霞寺長老處聞知：其太師高奇峰先生之墓園，即在不遠之北側，名為虎山之下。惟該墓室雖建成於民國二十三年，年代不遠。但棲霞山既地處南京龍盤虎踞之地，墓成後雖兩度幸運地逃過兵燹（抗戰及國共內戰兩度慘烈的南京保衛戰）及文化大革命之災，卻不敵無知的開路工人。幾番亂掘狂剷之下，墓室遂荒蕪於蔥鬱林木之中，墓道掩於荒草之下。原本高聳、由國府主席林森所親筆手書的「畫聖高奇峰先生之墓」，傾圮斷裂，僅存殘碑數片，由棲霞寺保管。

我猶記得歐大師述及太師墓室的荒廢時，哀痛之情，溢於言表。我相信自幼熟誦「古文觀止」的大師腦海中，已浮現起宋朝歐陽修「祭石曼卿文」中，那一段對往哲故墓零落的悲歎：

「……其軒昂磊落，突兀崢嶸，而埋藏於地下者，意其不化為朽壤，而為金玉之精。不然，生長松之千尺，產靈芝而九莖。奈何荒煙野蔓，荊棘縱橫，風淒露下，走燐飛螢；但見牧童樵叟，歌吟而上下，與夫驚禽駭獸，悲鳴躑躅而咿嚶！今固如此，更千秋而萬歲兮，安知其不穴藏狐貉與鼯鼪？」

歐大師當即告知我，他已決定號召天風門下（高奇峰門號天風樓）弟子集資重修天風墓園。經過接近一年的努力，獲得南京藝文界的朋友熱情協助下，搜尋到墓園的原始建築藍圖，終於順利地重修完竣。此外，歐大師還特別央請了廣州美術學院的曹崇恩教授，製作一座高奇峰全身銅像，置於墓道之首。這座來自廣州故鄉的銅像栩栩如生，俊逸的眼神彷彿太師再世，遙望南京，此園方不愧為一代宗師埋骨之地也。

墓園重修後，大師邀集港台的天風門下代表數人，前往南京祭拜。我因為恰有一趟江南之行，逐追隨大師參與盛會。時在2003年11月4日上午十時，大師特別準備供桌香燭、鮮花、生果及跪墊，慎而重之的為太師上香行三叩首，祭祀莊嚴肅穆。頓時山林俱靜，不聞鳥啼蟲嘶之聲。連在一旁之觀禮者，包括一群施工的工匠、祭祀工作人員及二三群路過遊客，都不禁追隨著祭拜大禮，紛紛致上三鞠躬禮。

本來重修一座墓室，對許多中國人而言，並非什麼了不起的大事。對先人墳塋的修葺，也是禮記之要求於後代子孫之天責也。但歐大師重修其太師之墓，卻是非源於禮教之義務。

蓋歐大師是受教於趙少昂先生，其年始於1952年。而太師高奇峰先生早喪於1934年，次年1935年大師方出生於廣東。故大師未曾親炙於高太師。易言之，歐大師有今日之才學與聲譽，其師少昂公點撥啟悟之功，定不可沒，但絕無點滴直接源於太師者。

1 作者夫婦與歐大師共攝於重修後之高奇峰墓碑前。大師旁為香港司徒乃鍾教授。司徒教授尊翁—司徒奇大師，亦為高奇峰之門下、輩份當為歐大師之師叔也。

2 歐大師親自檢視供桌與跪墊，虔誠之至，俱見於斯圖矣!

3 作者與大師攝於墓道前高奇峰之塑像及徐悲鴻讚頌高大師藝術造詣之刻文前。

故以感恩回報之角度而言，歐大師施之於恩師少昂公，其理可解，其因可推。但對天人兩隔有一代人之遠的太師廢墓，連太師後人都未費心關懷者，大師何以抱以如此孺慕之情？以我多年來在大師門下「行走」的體驗，答案恐怕是：大師的「俠風義膽」所致也。

的確，高太師並未身教與言教於歐大師，係由太師入門弟子的少昂師之手，發掘出了這位嶺南畫派第三代最為傑出的子弟。倘若歐大師在一九五二年未拜在少昂公門下，而另投他師，例如學習水彩或油畫，以歐大師的天賦與努力，也定會在香港藝壇中，開創出一片燦爛的天地。但絕對可以斷言的是，那一定不是今日這位將嶺南畫派推至歷史高峰的歐豪年大師！

可以說豪公藝術種子的基因，正適合在嶺南畫藝的土壤中，萌芽茁壯。嶺南藝術風格成就了今日的歐大師。追根溯源，如果沒有當年高太師的賞識與鼓勵，不會誕生少昂公；同樣的，缺少了少昂公的慧眼獨具與伯樂之才，千里馬的歐大師當不易甚早即驅馳於畫壇之上。歐大師的確瞭解這種授徒不藏私、傳徒不忌才的嶺南師門傳統，才會將感恩之心之行，推及於其太師也。

我豁然醒悟，這豈不是當年嶺南藝術創始三大家所操持「血性俠情」的翻版乎？

我在十五年前方由中興大學許志義教授的尊翁—許祥香世伯處，始結識大師。祥香世伯乃先父廣東潮州同鄉與至交，精通潮樂、烹飪美食，也擅長書畫，先父常稱讚其為標準「潮汕才子」。世伯與志義世兄都受教於大師多年，父子同門習藝，堪稱是歐門藝林佳話。

但更早約在四十年前，我即識知大師的大名。約略在民國六十三年二、三月間，我有位高中同窗好友查競傳乃甫卸任司法行政部部長查良鑑之公子，熱情好客，常邀同學至府上遊玩便餐。其令堂張祖葆女士雅好藝術，正追隨歐大師，可排序為大師來臺灣授徒之第一代弟子。張伯歐大師題給作者之頌高太師詩文。

母多次將歐大師之畫稿展示我們，不論花卉鳥雀蟲魚、山水人物及書法，莫不引起我們的驚嘆。不久適逢大師與其夫人朱慕蘭女士暨日本內山雨海，假歷史博物館舉辦聯展，我就讀的建國中學距離博物館僅一街之隔，咫尺之遙，我接連參觀聯展二次，對大師的造詣佩服備至，也開始接觸推介嶺南藝術的資訊。

開創嶺南藝派三大家一高劍父、高奇峰、陳樹人，都是早歲習藝，晚年以藝術成就著名於世皆於青壯之年，奮不顧身投入推翻滿清的革命大業。三人不願獨善其身的躭逹藝術，反而本於對民族大忠大愛、把熱血與生命化為具體的行動。等到鼎革成功後，不少革命志士化身一變，成為民國新貴，高劍父、高奇峰兩兄弟卻退居鄉里開門授徒，進行藝術革命。即使陳樹人雖繼續追隨國父進行未竟之革命，但也因剛正不阿，不久即絕意仕途，且與高氏兄弟並肩為開創中國近代藝術新天地而奮鬥。

古今藝壇具有非凡才份，能開展一新局面者，所在多有。但其人或曲學阿世、攀附權貴；或崖岸自高，不問生民之苦；或孳孳求利，絕情寡義者，更不在少數。類此嶺南三傑這種於民族有大功後，不圖富貴，飄然遠引的教畫授徒、賣畫為生，以丹青來抒發平生之志者，幾乎鮮見。這種俠情，讓我彷彿看另一個版本，也更具文學與藝術氣息的「遊俠列傳」。

歐大師這種遠自萬里之外，渡海而來的「義修太師墓」，豈不是真正的上溯源自其太師、太師伯的俠義之風乎？

如今一代畫聖高奇峰的墓園已重修完成。今後不論是開滿杜鵑的初春，或是滿山紅楓黃槭的深秋，棲霞山如織的遊人，只要行經墓園，絕對不再會像以往只對此野叢荒徑投以一顧而已。反而會駐足、順此花木扶疏之幽徑，瞻仰奇峰大師銅像、拜讀徐悲鴻等大家對高奇峰生平事蹟、藝術成就與飄逸人品的讚嘆之詞。奇峰大師固長久為士林所欽敬，但議者究竟侷限於曲高和寡的少數人也。今豪公的義舉，勢將其太師卓絕的德操與藝術成就，傳播給萬萬千千的華夏子孫，豈非顯揚嶺南藝風之最好方法？天風門後有此傳人，恐將羨煞天下多少豪傑矣！奇峰大師地下有知，也當會為之三擊掌也。

歐大師行此義風，固有不欲為人彰顯之始意。我自德國返台任教已垂三十年，驗證師道尊嚴確有日薄崦嵫之趨勢。而我既然始終與聞此事，且感佩之，如不稍加傳述，實於德有愧焉。子曰：「慎終追遠，民德歸厚矣」，豪公對天風樓如此追遠懷德，相信德風遺澤之下，其竹移軒門下，亦當會上承此厚德也。

爰將我親歷歐大師重修太師墓園之感想披陳如上，以誌此「長拂棲霞松之古風」也。

陳新民寫於司法院大法官研究室

民國一百年冬至

附錄二

戚維義大師繪海量圖

戚維義大師是新民兄的老友，其詼諧有趣、奇言軼事，新民兄常傳述與友人，大師特繪此畫以贈新民兄，名為海量－誦詩寧學佛，飲酒自成仙。題詞為：「平生大志無所有，但願海水變成酒；閒來無事沙灘坐，一口浪來一口酒。」新民大法官榮退誌慶，戚大師濃情厚意躍然紙上矣!

逍遙人間一畫仙

「我的朋友」戚維義

又到了各個學校唱起驪歌的八月，我正打算趁休會之際，前往俄羅斯參訪，能於溽暑時分在初涼的北國，與同行的俄國學者一邊議法論政，一方面小拚小飲幾杯火燒肝腸的伏特加，當亦美事一件也。就在啟程前兩天，維義兄攜來臺華窯董事長呂兆炘兄希望我為「臺華藝集」撰寫一篇小文的訊息，並且很貼心的建議：必要時亦可以舊文補綴 充數也。
這是一個極好的點子！我想起正好兩年前，應邀為李醫師陽明山一座老宅翻新所出版的「古硐堡之春」一書，寫了一篇有關戚維義兄之為人藝事的雜感。可能因為篇幅過大，該文只能裁取部分與「硐堡」改建有關部分刊出，反而是「主角」一維義兄的行誼藝聞，卻付之荚笥矣！豈非有「買櫝還珠」之憾！我何不趁此機會，在「臺華藝集」上還其全貌乎？
遂撿出原文，公諸給老戚之新知舊雨一閱，並請賜予評判，我眼中、筆下的維義兄，是否還算公允、傳神與無偏乎？

2012年9月中旬，台北吹來第一陣秋風，我想綠意盎然的陽明山要開始換上五彩的新衣吧！我的腦筋裡正在想像這座就在我家旁邊聳立的山群，波波的樹海先由頂端開始變色一由深綠，轉為淺綠，再薰染上一點淡黃、淡金、淡褐⋯⋯。樹海中夾雜著楓樹，也一步步從綠楓換粧為紅楓、火楓及黃楓⋯⋯，若說陽明山之美，四月櫻花固是一絕，十月紅葉也遑不相讓。正如同日本春季賞櫻的「花見」，與秋季賞楓的「紅葉狩」，前者以粉黛絢爛，窮盡視覺感官之美，後者以有如火海狂濤般，卻可撼動心魄，都是大自然送給人間的瑰寶。

就在這個時候，我收到了李醫師的邀稿。李醫師為整建完成的別墅，打算出版一本記述其歷史及整建過程的《古硐堡之春》。按這棟別墅的原始建築乃一座清朝古硐堡，迄今已近150年，早已傾圮。日據時改建成飯店。經過李醫師與創揚企業公司董事長（也是我的多年摯友）林山富兄費盡心思，且率同仁多次前往日本名古屋，除了觀摩古建築之整建外，還特別造訪建築大師安藤忠雄之「陶之亭」，深為一結合建築與現代陶藝之精髓的鉅作而感動。最後再勞請當代水墨大師戚維義兄，花上大半年的時間，由有「鶯歌小故宮」美稱的「台華窯」精心燒製了四釐米厚度的刀刻陶版，裝飾於四壁之上，終於將老碉堡披上色彩斑斕之外衣。

府內四壁鑲嵌維義兄的大作，可形容為滿堂光輝：既有筆力萬鈞的書法，代表別墅原起於陽剛氣十足的堡壘之基；又有荷塘滿佈悠游的水鳧，令人頓時感覺春意滿室，彷佛荷香透牆而出；「萬竿煙雨之圖」，更是寫實與寫景之傑作一別墅地處竹子湖，意即屋在「竹海」之中也。每逢春雨霏霏，竹子湖氤氳於萬頃竹海與煙雨之中，豈不是萬竿煙雨乎？難得是雨過天晴，群鷹即翔嘯於晴空之上，下映牡丹粉黛競放、好一幅生氣盎然。維義兄的「富貴牡丹」又帶出鷹嘯花開的四時盛景也！

但畫龍點睛之作，我認為當是北牆之上書以：「逍遙遊」全文的兩片陶版大作。加上繪以「寒山拾得」的「歡天喜地」陶版畫，最能夠表現出維義兄所抱持的老莊哲學，綜觀天地、逍遙人生的灑脫胸懷。

李醫生邀請我撰寫一篇介紹維義兄的小文，以共襄盛舉。我自認筆力拙劣，雖然舞文弄墨一輩子，都不出刀筆文章的議題，偶有逸出之作，也多在葡萄酒品賞方面塗鴉幾筆，對於丹青藝學，我自知眼拙識淺，實在不敢從命。

還是維義兄對我動之以情：既然李醫師耗費了近十年光陰與精力，將這座已經廢棄上百年的古碉堡，從改建成餐廳的面目全非，恢復碉堡之舊觀在先，而後再全神整建，賦予出今日可飄出一絲人文氣息的第三度生命。況且，為了完成陶版創作巨大工程，維義兄不眠不休長達四個月的雕刻（不顧醫師警告：粉塵對氣管與肺部可能造成的嚴重危害），終於將陶版順利地上釉、燒製與裝置完成。果不其然，大作完成後不久，維義兄即入院動了胸腔大手術，在鬼門關前走了一圈，又光榮走回人間，可真是「用生命拼完此大作」也。

我理應不能再拒絕。既然要求以「小文」來談述維義兄，對藝術方面，應當要有高人介紹維義兄的藝術才華與創作時代性，我自可藏拙。但以我認識維義兄垂二十年，平時往訪不斷，對其處事為人，自有一定程度的瞭解。故不妨摭拾心中若干印象以記述，當可給李醫師交待了。

由認識維義兄之頃刻起，至今二十年來，我對維義兄的看法沒有一刻的改變，可以用「真誠瀟灑」四個字來形容。我不妨先談其「真誠」面，再談一下其「瀟灑」面。

大陸藝術界近年來對一位早年留學比利時，才華橫溢，但時運不濟、命運乖舛的油畫大師一沙耆，在他身故後數年，才給予高度的肯定。我在一本介紹其畫作的畫冊上讀到，在北京舉行的一個十分隆重的學術討論會上，一位我的老朋友，已故的北京中央美術學院的國畫教授盧沈（其夫人周思聰，亦為同校教授，乃中國最有名人物畫蔣兆和大師的得意高足），對沙耆作了一個很好的評論。盧沈教授曾受教、結識沙耆於半世紀之前，而其本身更是一位傳統文人，安於職位，有所為，有所不為，我對他甚為尊敬。他在北京的房子就住在家姐的旁邊，我每次往訪北京時，都有和他討教、聊聊蘇州（他是蘇州人）以及他經歷的往事。

盧沈教授對這位大師給了一個動人的評論：沙耆一生是以真誠追求藝術，並以真誠待人處事。

這句話我認為用在維義兄的身上，更是十分貼切。他對任何人，不論是老友或新識，永遠一派謙謙君子、笑臉掬人，客客氣氣，從來沒有看過他橫眉斜目，或是語句尖酸刻薄。友儕對其創作才華的驚嘆或是讚譽，他都如太極拳般的東推西排；但對其有所求時，他不僅從不打太極拳，且總是立刻大筆一揮，無不如人所請，皆大歡喜。我常常笑他是個慷慨的土地公一「有求必應」也。

維義兄對於任何人的誠心相待，以禮相施，我相信完全出於內心善念，而非沽名釣譽或作偽。這讓我想起了民國以來最偉大的學人胡適之先生。有「舊倫理的楷模與新文化的代表」之譽的適之先生，以其社會與學術地位之崇隆、學養之豐富，當時中國無人出其右。但其對於權貴鉅室、或是引流賣漿之輩，皆一體接待，使之如沐春風。因此，人人樂於與之交往，並為其友而有榮焉。余生之也晚，雖然在中央研究院工作了近二十五年，無緣結識適之先生，以證傳言。但由幾位院內老學人閒談言及這位老院長時，都會提到老院長對任何員工，不論工友或年輕同仁，都不吝噓寒問暖；幾乎每日都有識與不識之來函甚多，一般名人多不予以理會，但適之先生都一律親自回覆，沒有任何睚岸自高與身居象牙塔之傲氣，已示文林傳言的不虛也。

因此有所謂的「我的朋友胡適之」之類的口頭禪，流行一時。近百年以來，這一句七個字，已十足的描述出適之先生沒有階級勢利眼之民主與開闊心胸的人格特徵。

同樣的，我在維義兄（我們習慣稱他為「老戚」）的身上，也看到了適之先生的身影。也正是老戚對於朋友的真誠與付出，一旦朋友能有回饋的機會時，也無不義無反顧的付出真正的友誼。以最近老戚入院動大手術為例，若非有其平日談談風花雪月、把酒言歡，進而肝膽相照的長庚醫院朱肇基醫師、書田醫院陳明村院長與榮總外科許文虎主任的「三醫聯手」，套一句維義兄的話：「我老戚之命可真休矣！」

老戚笑嘻嘻的敍述了朋友們的熱情協助（許文虎主任開刀長達七個鐘頭），幫助的朋友也笑嘻嘻的表示「樂意」有對老戚效力的機會，包括在開刀後，朋友們更是個個笑笑嘻嘻的慷慨提供成斤計算、並保證「百分百野生」的牛樟菌與燕窩，來助其打敗「那幾顆小東西」。

對一般人已經魂飛七成的此類攸關生死的大事，老戚都在一片「笑嘻嘻」聲中一帶而過，彷佛沒經過任何事情一般。所以我將「我的朋友—戚維義」當作本小文的副標題，我相信每一位老戚的朋友，提到他時，一定臉上會不自覺地露出笑容，加上「我的朋友戚維義」的這一句定冠詞也！

而「瀟灑」的性格方面，更是會「溢於言表」也。身為國畫大師，一般人印象中應是舉止猶如夫子，望之儼然，不苟言笑。但老戚卻是遊戲人間般，有如東方朔，玩笑一籮筐，且樂於把玩笑貢獻給大家（當然，其玩笑多半是多彩的！），凡有老戚在，必有笑聲也！又鶴髮童顏，聲如宏鐘；年值耄耋，而又動如脫兔、捷如猿猱。衣著更是十足的名士派與藝術家風格：我從未看過他穿一整套的衣服，從未看到衣服上面沒有沾染到各種五顏六色者。二十四孝中，有一段老萊子的「彩衣娛親」。我想像老萊子身上的彩衣，大概就是老戚平日的「家常裝」了。

我很喜歡在他的畫室中，天南地北的閒聊。舉目所至，畫室亂中有序，序中有亂，亂得舒服，亂得令人滿眼彩虹。他拿手的荷花圖最能表現出此「亂序哲學」一直桿橫葉，有如一條巨型如意，橫陳畫中；又見三兩杆嬌荷與枯藕，雜立混集於野荷塘中。游來三三兩兩的水鴨，畫面似乎熱鬧非凡，卻散發出一股滿足的寧靜。原來喧鬧中可以創造寧靜，產生詩意！我突然想起我最崇拜的德國大作曲家李察・華格納的名言：「當我不理會外界的喧鬧之聲，抬頭仰望漆黑的天空，突然間，神秘的音符便進入我的腦中！」老戚的瀟灑，可真是與華格納一樣，可以化外界的「亂」，更易為老戚創作的養分了！

外界也普遍把老戚的畫荷，當成是老戚瀟灑繪畫風格的一個例證。基於對中國傳統繪畫的參透、八大、石濤禪意的心折，又在海外浸淫多年現代繪畫的洗禮，融合成老戚繪畫內的中國意境，能夠施展出西方油彩色澤的神奇，讓老戚繪荷寫鴨，簡直到了爐火純青的地步：白宣一攤，DVD經典平劇一放，老戚的筆一下子就讓畫面活潑起來：佈局之豐富，色彩的生動鮮活，不論是水鳧的自在悠游，或是朵朵荷花散發出宛如紅霞般絢燦的金紅色光芒……，相信古代翎毛大家再世，如宋之崔白、明之林良、呂紀、清之邊壽民，民國之陳之佛……，都應當在老戚為中國翎毛畫賦予的新生命而鼓掌也！

這裡我又想起了老戚慷慨贈畫給中研院的往事。十年前中央研究院辦公大樓需要一幅大畫作為大廳的門面。對藝術頗有鑑賞力的李遠哲前院長對許多推薦都不甚滿意。在一次閒談中，我向李前院長建議央由老戚繪之。沒想到李前院長也十分欣賞老戚畫作風格，其房間正掛著一幅老戚的書法「奇逸人中龍」。但院長坦言與老戚不熟，遂由我代為央請之。沒想到老戚一口承允，精心繪製了一幅巨型的「心蓮萬蕊圖」，贈送給中研院。這是所有中研院各研究所內的公共空間中，第一幅展示的巨型藝術真跡也！

不僅是贈予送巨幅畫作給中研院，老戚日後都應朋友之央請，陸續給台北醫學院附設醫院、警政署、財政部財稅資料中心繪製大作，且全部義務性質。只要能提供更多人欣賞，老戚無不應允，而心中竟無「打算盤」的念頭。在藝術界如此「重友忘利」者，委實不易見之！

老戚便是這種充滿了對朋友、藝術真誠與熱情的人。無怪乎此「磁性人格」（Magnetic Personality），使他像一個磁鐵，吸引了任何一個接近他、與他結識的朋友。

本來要為這篇小文定個題目時，我左思右想，沒有答案。突然想起老戚給別墅寫了「逍遙遊」的法書一事，讓我頓然一悟：老戚豈不正是一個「逍遙人間的畫仙」乎？這種逍遙的人間遊，是許多人、包括莊子本人的理想人生。但期盼者多，天生有命、有決心來過這種人生者，古往今來恐屈指可數也！老戚的藝術才情，真誠的人格特質，使他的逍遙遊得更瀟灑、更自然。同樣是出自莊子的逍遙遊，我倒不太以為老戚是一個「扶搖九萬里的鵬鵰」，毋寧是更親近凡間的「天地一沙鷗」！作為他的朋友一如你我之輩，不必期盼老戚是一隻你我必須舉目窮望，才能發現遨翔在天際的巨鵬，反而是如一隻可隨時飛近你身旁、傳來陣陣悅耳與親切鳴聲的沙鷗！

老戚的朋友　陳新民

2012年9月20日

寫于司法院大法官研究室

附錄三

願化春泥更護花

——我的退職報告

八年前的今日，我以慎戒與惶恐的心情，承接了台灣「司法院大法官」的職務。對我而言，自大學以來，即以研究公法學，並決定以此作為終身職業與志業者，此一時刻，雖然標誌著我結束第一階段、長達三十五年研究公法學理的人生歷程，而踏入了第二階段檢驗所學、並發揮、宣揚所信服之學理的人生階段。因此，八年以來，我深感過去摸索與獲得諸多學理的不易，也當高度珍惜此司法界最高的榮譽職位。如何不負平生所學、不辜負台灣同胞以及法學界同仁、學子的殷盼，是一件無形的重擔，時時縈繫在我的心上。特別是，作為全台灣法律體制「正義防線」最後一道關卡的守護者，面對著每年各終審法院製造出接近一萬五千件裁判，以及收到近五百件的釋憲聲請，最終能獲得「大法官」青睞，而作出的解釋，卻只有十件上下。這是一件令人驚悚、遺憾的現狀：它顯示出台灣司法審查實務的受理門檻之嚴格，已為全世界有此體制者之最！按理言之，聲請「大法官」解釋，當視為人民擁有的受到「憲法」所保障之「訴訟權」的一環、且是最終一環。「大法官」之職務即如同各級法院法官的職務般，皆係提供給人民各類的「司法服務」（legal service），使得人民一旦遭受來自法律、行政與司法公權力不法與「違憲」的侵害時，都能夠獲得妥善的司法救濟之服務。然上述的嚴格——近乎嚴苛的受理門檻，無疑的暴露出台灣司法審查機制功能的不彰，致使國民能藉著司法審查機制來糾正台灣法令瑕疵的「診療能量」，僅達到「聊備一格」的程度罷了。

這也促使我在參與每一個能夠跨入艱難門檻的「幸運兒案件」之審理過程，始終期盼能在「大法官」同仁齊心協力下，讓每一個案子都成為開創台灣「憲政」新生命的「領頭羊案例」（leading cases）。這也因為在每一個信奉法治主義的社會，尤其是實施實質意義、而非僅僅形式意義的法治社會，必須時常隨時代需要，由本土或外溯而產生一連串進步的公法理論，一個案件接連一個案件、一個法條跨過一個法條，義無反顧的修正、廢止不合時宜的舊法，來使社會的法政秩序逐漸步上更公平、更符合正義與人性尊嚴的「至善之地」。如同太陽能產生熾熱的能量與光芒，陽光之處不容有陰影角落，法治社會內也不容許存有此些「人權與法治之死角」也。

這正是我所秉持的職責認知。職掌此職伊始，我便以二位歐美近代史上著名的政法人士，分別作為我負面與正面惕勵之鏡鑒：

第一位作為負面的警惕對象：乃是美國內戰前（1857年）聯邦最高法院所作出「史考特訴山福特案」（Dred Scott v. Sandford, 60 U.S. 393, 1857）的靈魂人物——托尼大法官（Roger Brooke Taney，1777－1864）。

美國是世界上最早，也是最成功實施違憲審查制度。兩百年來聯邦最高法院在無數案件中宣示了許多進步的法律見解、提升基本人權的功勞，無與倫比。這個法院及其積極實施的違憲審查權，也被公認為是確保美國能維持法治國家的體制兩百餘年不墜的主要的因素也。

但是，這個偉大的法院卻不免有作出違背時代潮流與令人齒冷的案例，最經典者當是「史考特案」。這是一個裁決蓄奴制是否合憲的案子，裁判結果卻認定美國各州實施「奴隸買賣制度」，並不違反美國憲法精神。此判決理由正出自這一個時任最高法院首席大法官托尼之手。

儘管托尼大法官在當時頗有學識淵博、人品高尚、政治閱歷豐富之時譽。但在此一關涉人性尊嚴的問題上，卻囿於狹義的人種、膚色與地域差別的歧視，為「黑奴不應擁有國民資格」的結論，引經據典、攀援各種法理，以長達55頁的長篇大論，提供了強烈的立論依據，而堅定了「蓄奴論」繼續實施奴隸制的合憲信念。

若云聯邦最高法院如此「冷血」的見解，促使了美國反對奴隸制度的有識之士們，作出最終只有毅然透過流血戰爭一途，方有解決奴隸制度的決定，亦即壓跨聯邦制度、「逼反廢奴者」的最後一根稻草，當不為過也。由此可知，一位憲法法院的權威法官，正如同後來不少德國納粹時代傑出的法律學者，也是後世所抨擊為，所謂的「墮落法學者」（entarteter Jurist），甘以其精湛的法學素養，為不正義與罪惡效力，為墮落的理念與制度而給予正當性理由，足以為千古之罪人也！

故每思及托尼大法官的前車之鑑，也都會堅定我大是大非的決心。

至於，正面的模仿對象，我則選擇了德國著名的俾斯麥首相。

這一位終其一生致力在祖國的統一富強、實施憲政主義，以實際的行動使國家由農業步入工業化、由弱國變成強國，人民享受到最先進的各種福利與保險制度……，儘管其在國際政治、甚至國內政治上容有捭闔縱橫、工於算計的批評，但其一生公忠體國的精神，卻是無疑獲得當代與後人的一致推崇。

我特別欽佩其告老退職時，以一句拉丁名言，述說了其當時之心境：「為國效勞，使我精力交瘁矣」（Patriae in serviendo consumer）！這是我在德國讀書時，經常由師長處 聞到的名言史實，它教誨我們何謂「盡職」的真諦：必須全力以赴。惟有如此，在努力後，必然達到精力交瘁之程度矣。

當然，比較起俾斯麥的「心力盡瘁」，我遠遠有愧！不過，在八年的司法審查歲月中，我的確投入了我最大的時間與能力之極。也因為我特別珍惜每個解釋案得來不易，在研討過程，我不吝提出所思所見。但台灣「大法官」議事，既以合議決為主，每一案無不透過極度妥協、折衷作為結論。此固然為民主議事之精神，然仁智互見，妥協式的中道往往只有見樹不見林，只治標不治本之弊，也更欠缺恢宏的氣勢。因此，為了使法學與實務界更能全面理解每一個司法審查案中，我個人曾經抒發過的意見，俾使日後再逢立法或司法審查之議，能有更多思考的素材起見，我決心自我期許，繼續賡續我在擔任「大法官」前，在「中央研究院」長達二十五年的研究與寫作習慣，每二年出版一本專書，將所發表的不同意見、協同意見以及相關的學術著作，集結成冊，以為自我惕勵之作。

所幸，我履行了我的初衷，八年來出版了「釋憲餘思錄」共四卷，平均每卷約三十萬字，四卷共收錄不同與協同意見與評論論文共七十篇，達一百二十萬字。凡有涉及公法學理的案件，我迨皆盡抒淺見矣。然不免遺憾，這些司法審查意見書，泰半僅有極短的三、五天的時間可供寫作，時間之倉促，不容許我能在學術的嚴謹度與理論的周延度多加著墨。但每一個司法審查的對象都是多多少少的「法律疑難雜症」，很難光援引一個單純法理或國外制度可以解決。因此，必須兼採進步與合乎需要、具有可行性的法律理論與國外成功的法例，方為正確的解釋方式也。因此，上述的司法審查見解，也是個人窮盡思慮所得，不敢有絲毫敝帚自珍之心態，同樣如司法審查結果，都是留供讀者檢討與批評的對象也。

這也是幾乎各國釋憲機關給予參與裁判法官的「特權」，可以揮灑其不同意見，俾使外界得知釋憲機關審理過程考慮的多元。這也有寓「有待將來」之用意！我也特別相信一句英文諺語：「差異是人生的香料」（variety is the spice of life）。釋憲意見的差異性，尤其是百花齊放的意見共現，豈非反映出釋憲者的腦海中，曾經洋溢著一片活潑生動的憲法、人權理念的脈動乎？

在此我必須特別感謝諸位與我共同行使此神聖職務的「大法官」同仁。他們的博學開解了我不少茅塞；他們的寬容，容忍我持續發表不同的意見。他們真是具備了所謂「益者三友」（友直、友諒、友多聞）之德性矣！

臨別在即，我環視了一下近年來我特別蒐集、有待消化、運用的法學資料，仍有甚多，不無愧嘆自己力所未逮之處甚多。特別是幾年來，我經常期盼能夠在「軟性」的司法審查層面上，為台灣的法治，增添更多的「人性關懷」與「人道溫暖」。司法審查的任務，不單是為了冰冰冷冷的法令審查為鵠的，也應有促使國家法律的品質的提升，俾能夠溫暖國民「內心方寸」的感情世界。

我願意特別提出下列五個「未竟之志」，午夜夢迴，我時感不捨、也嘆恨未能提供棉薄能力來施予援手的案例，以敬待來者之共鳴：

（一）性行為的自由及通姦除罪化—釋字第554號解釋後的挑戰

（二）娼妓合法化的爭議——釋字第666號解釋的餘波盪漾

（三）分居制度的建立—釋字第696號解釋的反思

（四）同性戀結婚的許可問題——釋字第647解釋未解決的難題

（五）兩岸人倫秩序的重視，以及兩岸關係「法制化」的提升——不應將兩岸人民關係視為「非正常法治化」，應當大幅度提升其人權與法治標準。例如，刪除兩岸關係條例第95之3條規定（本法不適用行政程序法之規定）。使得防止行政權力濫用為主旨的行政程序法，能夠同樣適用在兩岸人民關係的案件之上。

這都是我近年來，不論是在公開演講（如2015年5月12日中興大學惠蓀講座及同年12月25日「總統府」慶祝「行憲紀念日」所作的演講），或是在法律雜誌上（軍法專刊2015年6月第61卷第3期），所抒發的感慨與呼籲！台灣不少目前仍然存在的老舊與落伍的法律制度，已經嚴重剝奪了這些弱勢、處於社會邊緣國民，追求美好幸福人生的機會，傷害其人格尊嚴，已經到了不容漠視與容忍的階段。我願意援引羅馬時代一句著名的拉丁諺語：「為弱者伸張正義、方為真正的正義」（Justitia erga inferiors est verissima），與將來「大法官」同仁共勉之。

人生是一個舞台，「大法官」的職務亦然。卸下法袍後，我仍將選擇回到學術界，繼續未完的追求完美理論的人生之旅。離職如同落葉飄花一樣，不禁讓我想起了清朝龔自珍的名句「落紅不是無情物，化作春泥更護花」（己亥雜詩），我希望今後我在學術的崗位上，仍能夠與各位退職與在位同仁，同樣的關懷與關注台灣的司法審查工作，也期盼個人「願為春泥」的些薄能力，能使台灣這塊美麗的土地上，增添更多、更富饒的法治土壤，使台灣的法治之樹，根能更深　，枝葉更茂盛繁榮！

原文刊載：《中國時報》及中時電子報，2016年10月29日

最令我難忘的品酒經驗

黃輝宏　編著

發　行　人　黃鎮隆
副 總 經 理　陳君平
副 總 編 輯　周于殷
美 術 總 監　沙雲佩
封 面 設 計　陳碧雲
公 關 宣 傳　邱小祐、吳姍
國 際 版 權　黃令歡、李子琪

出　　　版　城邦文化事業股份有限公司　尖端出版
發　　　行　台北市民生東路二段141號10樓
電話：(02) 2500-7600　傳真：(02) 2500-1975
讀者服務信箱：spp_books@mail2.spp.com.tw
發　　　行　英屬蓋曼群島商家庭傳媒股份有限公司
城邦分公司　尖端出版行銷業務部
台北市民生東路二段141號10樓
電話：(02) 2500-7600　傳真：(02) 2500-1979
劃撥戶名／英屬蓋曼群島商家庭傳媒（股）公司城邦分公司
劃撥帳號／50003021　劃撥專線／(03) 312-4212
※劃撥金額未滿500元，請加附掛號郵資50元
法 律 顧 問　王子文律師　元禾法律事務所　台北市羅斯福路三段37號15樓

台灣總經銷　中彰投以北（含宜花東）楨彥有限公司
電話／(02) 8919-3369　傳真／(02) 8914-5524
地址：新北市新店區寶興路45巷6弄7號5樓
物流中心：新北市新店區寶興路45巷6弄12號1樓
雲嘉以南　威信圖書有限公司
（嘉義公司）電話：0800-028-028　傳真：(05) 233-3863
（高雄公司）電話：0800-028-028　傳真：(07) 373-0087
馬 新 地 區　城邦（馬新）出版集團　Cite (M) Sdn Bhd
電話：(603) 9057-8822、9056-3833　傳真：(603) 9057-6622
E-mail：cite@cite.com.my
香港總經銷　香港地區總經銷／城邦(香港)出版集團
Cite(K.K.)Publishing Group Limited
電話：852-2508-6231 傳真：852-2578-9337
E-mail：hkcite@biznetvigator.com

版　　　次　2018年2月1版2刷　Printed in Taiwan
I S B N　978-957-10-7990-5

國家圖書館出版品預行編目(CIP)資料

酩酊之樂：最令我難忘的品酒經驗／黃煇宏編著.
-- 初版. -- 臺北市：尖端, 2018.1
面；　公分
ISBN 978-957-10-7990-5(平裝)
1.葡萄酒 2.品酒
463.814　　106022810